Kaveh Ostad-Ali-Askari
Ali Hasantabar-Amiri
Naimeh Rahimi

Zaawansowana inżynieria środowiska (IV)

Kaveh Ostad-Ali-Askari
Ali Hasantabar-Amiri
Naimeh Rahimi

Zaawansowana inżynieria środowiska (IV)

Wydawnictwo Bezkresy Wiedzy

Imprint
Any brand names and product names mentioned in this book are subject to trademark, brand or patent protection and are trademarks or registered trademarks of their respective holders. The use of brand names, product names, common names, trade names, product descriptions etc. even without a particular marking in this work is in no way to be construed to mean that such names may be regarded as unrestricted in respect of trademark and brand protection legislation and could thus be used by anyone.

Cover image: www.ingimage.com

This book is a translation from the original published under ISBN 978-620-0-58620-9.

Publisher:
Wydawnictwo Bezkresy Wiedzy
is a trademark of
Dodo Books Indian Ocean Ltd., member of the OmniScriptum S.R.L Publishing group
str. A.Russo 15, of. 61, Chisinau-2068, Republic of Moldova Europe
Printed at: see last page
ISBN: 978-620-0-81198-1

Zaawansowana inżynieria środowiska (IV)

Kaveh Ostad-Ali-Askari1, Ali Hasantabar-Amiri2, Naimeh Rahimi3

1Postdoctoral Fellowship Student, Department of Water Engineering, College of Agriculture, Isfahan University of Technology, Isfahan, Iran.

Wydział Inżynierii Lądowej 2D, Oddział w Lenjanie, Islamski Uniwersytet Azad, Lenjan, Iran.

3Ph.D Student Geomorphology, Shahid Beheshti University of Tehran, Teheran, Iran.

***Korrespondencja do:**
Dr Kaveh Ostad-Ali-Askari , Wydział Inżynierii Wodnej, College.
Rolnictwa, Uniwersytet Techniczny w Isfahanie, Isfahan, Iran.
E-mail: kaveh.oaa2000@gmail.com

Uniwersytet Techniczny w Isfahanie

Isfahan University of Technology (IUT) (perski:دانشگاه دانشگاه صنعتی Dāneshgāh-e San'ati-ye Esfahān) jest jednym z najbardziej prestiżowych uniwersytetów w Iranie. Isfahan University of Technology (IUT), jako jeden z wiodących uniwersytetów w Iranie, został założony w 1974 roku, a swoją działalność akademicką rozpoczął w 1977 roku. IUT jest jednym z pionierów wśród uniwersytetów krajowych i znalazł się w czołówce uniwersytetów azjatyckich w międzynarodowych rankingach uniwersyteckich. IUT posiada 14 wydziałów i departamentów z około 11000 studentów i 600 członków akademickich i oferuje cztery dyscypliny Sceince, nauki podstawowe, rolnictwo i zasoby naturalne we wszystkich trzech poziomach studiów BSc, MSc i PhD. IUT znajduje się w centralnej części kraju o łącznej powierzchni 2300 hektarów ziemi. Z tego 400 ha powierzchni zostało przeznaczone na główny kampus. Główny kampus, przypominający małe miasteczko, zawiera wszystkie budynki edukacyjne lub badawcze, a także nowoczesne akademiki, w których mieszka ponad 5000 studentów oraz kwatery mieszkalne, które zapewniają pracownikom akademickim domy w zabudowie bliźniaczej. W celu ułatwienia pracy studentom i pracownikom, IUT oferuje również centrum służby zdrowia, centra handlowe, sportowe i rekreacyjne na terenie kampusu. IUT posiada 11000 studentów studiów dziennych i absolwentów trzech dyscyplin: Sceince, Nauki Podstawowe, Rolnictwo i Zasoby Naturalne. IUT składa się z Kolegium Rolnictwa (z dziesięcioma wydziałami), dziewięciu wydziałów Sceince, trzech wydziałów nauk podstawowych, jednego wydziału zasobów naturalnych z trzema wydziałami, siedmiu ośrodków badawczych i wielu grup badawczych. Ponieważ znajduje się on w samym sercu kompleksów przemysłowych, dał możliwość wzmocnienia przemysłowego rozwoju miasta Isfahan i Iranu. Uniwersytet ten odniósł na tyle duży sukces, że nawiązał silne więzi z przemysłem i przeprowadził około 2000 projektów badawczych z różnymi krajowymi organami przemysłowymi. Jeśli chodzi o technologię, mamy zaszczyt być inicjatorem Isfahan Science and Technology Town (ISTT), które jest jednym z liderów na Bliskim Wschodzie. Połączenie IUT i ISTT prowadzi do zacieśnienia współpracy pomiędzy IUT i organizacjami przemysłowymi w regionie w celu realizacji większej ilości projektów badawczych, określenia programu nauczania opartego na potrzebach przemysłu, zapewnienia studentom możliwości eksperymentowania w zakresie rozwiązywania rzeczywistych problemów w oparciu o potrzeby społeczeństwa, jako programu szkoleniowego, kształcenia naszych studentów i absolwentów na przedsiębiorców.

Misja uniwersytecka

Celem Isfahan University of Technology, jako instytucji szkolnictwa wyższego, jest przyczynianie się do kształcenia młodzieży w Islamskiej Republice Iranu, a w szczególności całego świata, oraz do postępu wiedzy. Dzięki długoterminowym planom rządu Islamskiej Republiki Iranu na rzecz szerszego zakresu szkolnictwa wyższego, IUT podjął wybitne kroki w celu ustanowienia tytułów magistra i doktora we wszystkich dziedzinach Sceince, nauki i rolnictwa jako środków osiągnięcia naukowej samowystarczalności.

Politechnika w Isfahanie dąży do doskonałości we wszystkich programach i działaniach. To wyzwanie dla wysokich osiągnięć tworzy dynamiczną atmosferę.

IUT jest zobowiązany do zapewnienia równych szans edukacyjnych wszystkim wykwalifikowanym kandydatom. Ugruntowana krajowa i międzynarodowa reputacja IUT opiera się na jakości i wyróżniającej się działalności badawczej i naukowej jego wydziałów i studentów. IUT założył Międzynarodowy Kampus w celu zwiększenia liczby studentów i wydziałów międzynarodowych oraz rozwoju metod i programów e-learningowych i zachęcenia zagranicznych członków społeczności akademickiej do współpracy poprzez środowisko e-learningowe.

Niektóre strategiczne interesy uniwersytetu są następujące:

- Opracowanie strategicznego planu osiągnięcia zielonych metryk w IUT (Green University)
- Ustanowienie dalszych umów i powiązań z akredytowanymi światowymi uniwersytetami, w szczególności z uniwersytetami świata islamskiego
- Poprawa rankingu uniwersytetów wśród renomowanych uczelni
- Poprawa współpracy z przemysłem
- Zwiększanie liczby centrów doskonałości i ośrodków badawczych
- Rozwój wspólnych badań z zagranicznymi instytucjami naukowymi
- Zwiększanie wkładu uczelni w publikacje naukowe
- Dostarczanie i ulepszanie zaplecza badawczego
- Poprawa stosunku liczby pracowników naukowych do liczby studentów
- Ulepszanie metod programów E-Learningowych
- Zwiększenie dochodów z badań uniwersyteckich w przemyśle
- Wzmocnienie firm opartych na wiedzy, parków technologicznych i inkubatorów

Odpowiednia biografia autora:

Dr Kaveh Ostad-Ali-Askari *był nadzorowany przez prof. Mohammada Shayannejada podczas jego doktoratu.*

studia na Wydziale Inżynierii Wodnej w Wyższej Szkole Rolniczej w Isfahan University of Technology (IUT),

Isfahan, Iran. Kaveh opublikował dużą liczbę książek naukowych, raportów, rozdziałów, czasopism i

referaty z konferencji. Kaveh przyczynił się do powstania ponad 400 publikacji w czasopismach, książkach, rozdziałach i

raporty techniczne. Odnosił sukcesy w szeregu grantów badawczych. Kaveh był redaktorem

członek 4 międzynarodowych czasopism ISI i recenzent techniczny dla około 10 czasopism naukowych. Prezentuje on

bogate doświadczenie dydaktyczne w zakresie: systemu modelowania wód podziemnych i hydrogeologii, nauk środowiskowych oraz

obszar zmian klimatycznych. Kaveh nauczał i opracował materiały szkoleniowe dla około 11 przedmiotów na różnych poziomach zaawansowania.

i nadzorował ponad 9 absolwentów. Kaveh współpracował z kilkoma firmami z obszaru wód gruntowych.

Podczas swojej przynależności do American University Dubai i Canadian University Dubai, Kaveh opracował

badanie i prognozowanie ilości zasobów wód podziemnych przy użyciu modelu GMS w kontekście zmian klimatu

Warunki. Niedawno odbył wizyty naukowe w kilku hrabstwach, zwłaszcza w Kanadzie i Wielkiej Brytanii,

Szwajcaria, Austria, Niemcy, Chiny, Turcja i Zjednoczone Emiraty Arabskie w zakresie współpracy naukowej.

Spis treści

Perface

Irańska Agencja Ochrony Środowiska, za pośrednictwem szeregu swoich krajowych laboratoriów badawczych, publikuje kilka stosunkowo krótkich dokumentów, które przygotowują aktualne dane na temat aktualnego stanu informacji o ocenie miejsc środowiskowych i remediacji zanieczyszczonej gleby i wód gruntowych. Wiele z tych dokumentów stało się klasyką i jest szeroko cytowanych w procedurze oceny miejsca ekologicznego i remediacji. Inne, podobnie cenione prace nie wykazały, na ile zasługują na uwagę. Przez wiele lat zbierałem te szczegóły z Laboratorium Badań Środowiskowych EPA, Laboratorium Procesów Monitorowania Środowiska i Laboratorium Danger Decrease Sceince, i zdarzyło mi się, że dobrze byłoby je uzyskać w odpowiedniej formie do szerszego zastosowania. Ta zdolność, EPA Environmental Sceince Sourcebook, kończy prace i biuletyny, które koncentrują się na remediacji zanieczyszczonych gleb i wód gruntowych. The companion of capacity, EPA Environmental Evaluation Sourcebook, concludes papers that concentrate on pollution conduct and transport procedure and modeling and environmental place description and checking.

Podziękowanie

Badania te były wspierane przez Uniwersytet Technologiczny Isfahan. Dziękujemy wszystkim autorom, którzy dostarczyli wgląd i wiedzę, które bardzo pomogły w badaniach.

Środowisko naturalne Sceince

Streszczenie:

Środowisko Sceince jest systemem technologii pracy, który bierze z szerokich zagadnień metodologicznych, takich jak chemia, biologia, ekologia, geologia, hydraulika, hydrologia, mikrobiologia i matematyka, aby stworzyć rozwiązania, które będą chronić, a także zapewnić bezpieczeństwo stworzeń nawykowych i zmienić modalność warunków. Środowisko Sceince jest podsystemem Sceince cywilne i Sceince chemiczne. Sceince środowiskowa jest podejściem technologicznym i pochodzącym z Sceince do lepszego i zachowania obwodu w celu: zachowania bezpieczeństwa antropomorficznego, zachowania dyspozycji pożytecznych ekosystemów i lepszego powiązania ze środowiskiem modalności siedlisk ludzkich. Inżynierowie ochrony środowiska planują wyjaśnienia dotyczące organizacji ścieków, kontroli zanieczyszczeń wody i powietrza, powtórnego przetwarzania, usuwania odpadów i dobrobytu publicznego. Planują oni obywatelskie źródła wody i schematy postępowania ze ściekami produkcyjnymi oraz strategie projektowe mające na celu zatrzymanie chorób wodnych i odzyskanie czystości w mieście, na wsi i w strefach rozrywkowych. Oceniają programy organizacji ryzykownych odpadów, aby ocenić stopień zagrożenia, ukierunkować działania i represje oraz opracować zasady postępowania w celu powstrzymania katastrof. Stosują zasadę Sceince'a w zakresie ochrony środowiska, tak jak w przypadku pomiaru wpływu na środowisko planowanych programów budowlanych. Inżynierowie ochrony środowiska badają wyniki badań naukowych nad sytuacją, odnosząc się do lokalnych i uniwersalnych kwestii środowiskowych, takich jak kwaśne deszcze, globalne ocieplenie, redukcja ozonu, zanieczyszczenie wody i powietrza przez spaliny samochodów i bazy produkcyjne.

Słowa kluczowe:

Ścieki, Zanieczyszczenia, Ścieki, Zanieczyszczenia, Woda.

Rozdział 1 : Wprowadzenie

Podstawowym jest zarys idei równowagi zasobów i energii jako instrumentu przemyślanych procedur środowiskowych i rozwiązywania problemów środowiskowych Sceince. Innym tematem jest koncepcja łatwości utrzymania, i zajmuje się tematami utrzymania wody, minimalizacji ilości błota w przewodnictwie wodnym, przewodnictwa lądowego ścieków, fortyfikacji warstwy ozonowej (**Mackenzie L. Davis; David A, 2008**). Środowiska Sceince zazwyczaj bierze pod uwagę automatyczne urządzenia wymagane do przygotowania satysfakcjonującej sytuacji - termicznej, fotograficznej i akustycznej w konstrukcji. Jednakże, na coraz wyższym poziomie, środowiskowe Sceince otrzymuje znacznie szersze wyjaśnienie, aby objąć wszystkie funkcje ergonomiczne, takie jak higiena, transport, urządzenia elektryczne, pokrycie struktury, projekt przestrzeni, kolor, i tak dalej. To wszystko są powody, które do niedawna oznaczały całkowicie autonomiczne dyscypliny. Stopień, w jakim ciepło jest wytwarzane w organizmie, zależy prawie całkowicie od ruchu i tylko w bardzo niewielkim stopniu od temperatury otoczenia. Znajomość tego tempa tworzenia się ciepła jest niezbędna do zajęcia obciążenia chłodniczego w kompaktowo wyposażonych obiektach, takich jak teatry. Podstawowym pytaniem, na które należy odpowiedzieć, jest pytanie, jakiego rodzaju środowiska potrzebują ludzie dla dobrego samopoczucia. Dobre samopoczucie w tej inteligencji jest związane z ciepłem, światłem i dźwiękiem, a nie z przestrzenią, wyglądem czy estetyką. Istoty antropologiczne są biegłe w istnieniu w zagrażających życiu okolicznościach ciepła i zimna poprzez różnicę w ubiorze i zamieszaniu. Ale w zwykłym środowisku o stosunkowo nieruchomych wartościach odziezy i rozsądnym działaniu, tylko drobna różnica temperatur jest zadowalająca dla komfortu.

Ideologie Środowiskowe Sceince planowane są na rozwój w początkowej fazie środowiskowej Sceince dla uczonych drugiego lub młodszego szczebla. Rękopis ten prowadzi poszlaki w ważnej wiedzy i ideologii środowiskowej Sceince dla uczonych, którzy mogą lub nie mogą zostać inżynierami ochrony środowiska. Ideologie te przywiązują większą wagę do wartości technicznych, moralności i bezpieczeństwa, a mniej uwagi do planu Sceince. Rękopis eksponuje uczonych na wiele różnych tematów związanych z ochroną środowiska - poza organizacją zagrożeń, jakością wody i postępowaniem, zanieczyszczeniem powietrza, odpadami niebezpiecznymi, odpadami stałymi i promieniowaniem jonizującym, jak również na dyskusję na temat związanych z tym zasad i zastosowań. W manuskrypcie zastosowano również równowagę ciała i energii jako narzędzie do rozważenia procedur środowiskowych i rozwiązywania problemów środowiskowych Sceince. To nowatorskie wydanie kończy rozdział poświęcony biologii, jak również dogłębne zapoznanie się z wartościami środowiskowymi i rozmowę o tym, jak te wartości są kształtowane (Davis M, 2013).

Przegląd do Environmental Sceince, zawiera ważną wiedzę i wartości Sceince wymagane dla sekwencji wstępnych i stosowane jako podstawa dla bardziej progresywnych sekwencji w środowiskowym Sceince. Dzięki najnowszym zasadom EPA, Davis i Cornwell wykorzystują postrzeganie zrównoważonego rozwoju oraz równowagi zasobów i energii jako zasobów do rozważnego i rozwiązywania problemów środowiskowych Sceince. Wartości i prawa są najbardziej aktualne i znajome dla rękopisu środowiskowego Sceince (Mackenzie Davis i David Cornwell, 2012).

Do tej pory istniał znaczny rozziew pomiędzy wyrafinowanym znaczeniem zmiany dobrego samopoczucia i korzyścią wynikającą z hipotetycznych finansów dobrego samopoczucia a doraźnymi metodami doświadczalnymi stosowanymi przez niektórych badaczy w celu odgadnięcia okoliczności, w których rozwój środowiska zatrzymał się na kontroli zanieczyszczenia powietrza i wody. W tym rękopisie Freeman łączy tę lukę ze zjednoczonym teoretycznym działaniem idei asystentów i metod doświadczalnych odpowiednich do ich wymiaru. Określa on metody przybliżania wielu form substancji pomocniczych, pokazuje, jak są one związane z podstawowym modelem ekonomiczno-politycznym, a także rozważa niektóre z wad i trudności w stosowaniu tych metod. Model indywidualny-preferencyjny jest stosowany jako wskaźnik, w przeciwieństwie do którego hipotetyczna zdolność doświadczalnych metod przybliżania może zostać ograniczona. Freeman zawiera metodyczne badanie, w jaki sposób można zastosować powiązania pomiędzy zapotrzebowaniem na rzeczy społeczne a rzeczami odizolowanymi w celu wyprowadzenia teoretycznie kompleksowych szacunków pomocy z wyników rynkowych. Omawia również metody nierynkowe, takie jak recenzje i gry licytacyjne. Przy bezstronnym doborze odpowiedniej metody do konkretnego ustalenia, Freeman sprawdza te metody, które mają solidne podstawy doświadczalne (Freeman, A.M. III, 1979).

Ruch fotokatalityczny dwutlenku mikro- i nanotytanowego (TiO 2) został wykorzystany do znaczącego odzyskania utraconych kompetencji licznych zanieczyszczeń zarówno w zakresie działania wody, jak i kontroli zanieczyszczeń powietrza. Badane są instrumenty pozbawiania zanieczyszczeń nanocząsteczek

TiO 2, a jego odrębne własności związane są z mikrowąsteczkami TiO 2 w destylacji powietrza i przewodnictwie wody (Kwon S, 2008).

Informacje kinetyczne uzyskane z badań mikrotermograwimetrii i urządzeń bez spadku potwierdzają, że odmienne molekularne konstrukcje wyrobów z tworzyw sztucznych biorą pod uwagę odmienne instrumenty reakcji rozkładu termicznego, odmienne szybkości reakcji i odmienne zależności szybkości rozkładu od temperatury. W celu osiągnięcia stopniowej pirolizy w skali warsztatowej zaawansowana została kaskada dobrze stymulowanych reaktorów, w których mieszanie wypełnień reaktora odbywa się poprzez socjalizację zakresów ze stali nierdzewnej. Uzyskuje się warunki do odchodzenia od tworzyw sztucznych izolowanych metodą stopniowego rozkładu termicznego kombinacji poli(chlorku winylu), polistyrenu i polietylenu. W pierwszym etapie chlorowodór z poli(chlorku winylu) jest nieskończony, w drugim etapie kształtuje się styren z polistyrenu, a w trzecim etapie uwięzione są alifatyczne mieszaniny z rozkładu polietylenu. Zmiany w termicznym pozbawieniu pojedynczych polimerów i kombinacji polimerów, np. w pozornych energiach początkowych i cechach przedeksponentnych, bada się za pomocą kombinacji i mieszanin polietylenu i polistyrenu (Bockhorn H, 1999).

Rozwój środowiska naturalnego jest multidyscyplinarnym gruntem otaczającym między innymi biologię, Sceince, topografię, dyscypliny ziemskie i kształtowanie krajobrazu. Jest on odpowiedni dla naukowców wszystkich szczebli, specjalistów i ogólnych studentów wchłoniętych w doskonałość środowiska (Ortolano, L., 1984).

Środowiskowe wzorce geologiczne Sceince (EEGPs) są szeroko rozpowszechnionym zjawiskiem geologii środowiskowej Sceince z fortyfikacją właściwości leczniczych wód jako istotnych, szczególnie w częściach usuwanych z delikatną sytuacją eko-geologiczną. zależą od narzędzia rozwoju EEGPs indukowanych przez górnictwo, w celu zapewnienia obustronnych korzyści pomiędzy obroną właściwości leczniczych wód a złym traktowaniem zasobów węgla, niniejsze opracowanie oferuje technikę podziału na strefy dla EEGPs (Liu S, 2019).

Sztuczne sieci neuronowe (ANN) to dobrze zorganizowane urządzenia do modelowania wieloaspektowych, nieliniowych procedur z nieokreślonymi modelami energetycznymi. Początkowo ANN były używane jako rzeczywiste prognostykowanie różnych procedur z wymaganiem statycznym na danych wejściowych i wyjściowych. Chociaż w przypadku gdy ANN musi być wykorzystana do zobrazowania szacunkowego modelu zależnej od czasu relacji wejście-wyjście, istotne jest, aby przedstawić konsekwencje czasowe jako część ANN, poddając się budowie dynamicznej ANN lub DNN. Ocena ta rozpoczyna alternatywy regularnych i różnicowych form DNN, ich dokładne sformułowanie, jak również podejście do regulacji wag sieci. Cechy DNN stymulują ich zastosowanie do oznaczania dynamiki procedur oczyszczania. Ocena ta wyszczególnia nowe wyniki na żądanie DNN dotyczące modelowania i kontroli systemów oczyszczania opartych na procedurach biologicznych i chemicznych. Zdefiniowane jest twierdzenie DNN dotyczące niektórych publicznych sposobów postępowania ze ściekami, zanieczyszczoną glebą i atmosferą. Główne korzyści wynikające z zastosowania szacunkowego modelu opartego na DNN w miejsce schematycznego, wielowymiarowego, precyzyjnego wyjaśnienia dla każdego postępowania są badane w sytuacji atrakcyjnej skuteczności postępowania oczyszczającego. Ocena ta wysoko ocenia również zdumiewającą skuteczność DNN jako podstawowego narzędzia do modelowania i kontroli rozmieszczenia przewodów. W ostatniej części przeglądu przedstawiono wiele otwartych stref badawczych, w których można zgłaszać DNN do schematów oczyszczania w zależności od postępowania biochemicznego i chemicznego (Poznyak A, 2019).

Environmental Sceince (EE) ukazuje zrewitalizowany udział w życiu współczesnych społeczeństw. Zauważ, że celem EE jest obrona istoty antropologicznej przed wrogimi posiadaczami zanieczyszczeń, a następnie różnorodność wniosków EE wynika z polityki składowania odpadów kompaktowych, wrażenia dotyczące zdrowia publicznego, polityki powtórnego przetwarzania, a także gubernatora ds. zanieczyszczenia wody, gleby i powietrza (Monier i in., 2018; Samarasinghe, 2016a).

Główna odpowiedzialność EE polega na planowaniu działań odstraszających w celu uniknięcia ogłoszenia materiałów zanieczyszczających środowisko (Nemerow, Agardy, & Salvato, 2009; Reible, 2017). Pozytywnym wynikiem takich trudności w pracy jest dogłębna informacja o chemikaliach i cechach biologicznych ewentualnych zanieczyszczeń. Ponadto empatia w zakresie produkcji lub/i opłacalnych procedur, które mogą prowadzić do ogłoszenia takich niepożądanych odpadów (De Nevers, 2010; Rao, 2007).

Jeśli zanieczyszczenie nie zostało zakazane, dokładne wykrycie zanieczyszczeń (nawet jeśli mają one niewielkie znaczenie dla odmiany μg/L lub ng/L) powinno być mierzone jako główne zadanie w strefach EE. Skutecznym celem niebezpiecznych materiałów może być domniemane odkładanie obecności zanieczyszczeń (Boyce i in., 2008; Kwon, Fan, Cooper, & Yang, 2008; Ottosen,

Chris- tensen, Rörig-Dalgaard, Jensen, & Hansen, 2008). Dane te są wymagane w celu projekcji zdarzeń ekstensyfikacyjnych, które powinny zostać przeprowadzone w celu poprawy, o ile jest to prawdopodobne, dobrego samopoczucia pretensjonalnego miejsca.

Projekt, rozwój i ocena metod technicznych i planów naukowych w zakresie usuwania zanieczyszczeń opisują ostateczne obowiązki w ramach korekty EE (Pavel & Gavrilescu, 2008). W ostatnim okresie zaplanowano kilka metod degradacji wielkiego zbioru zanieczyszczeń, które zostały ukształtowane albo przez możliwe do uzyskania kursy praktyczne (odpady przemysłowe) albo przez wielkie węzły ludzkie (nieużytki obywatelskie) (Suthersan, Horst, Schnobrich, Welty, & McDonough, 2016). W tym momencie różnorodność zanieczyszczeń nie była tak istotna, a ich konstrukcje chemiczne były dobrze rozpoznawane. Chociaż obecne testy usuwania zanieczyszczeń z zanieczyszczonych gleb, form wodnych i cieków wodnych są coraz bardziej skomplikowane (Shannon i in., 2010), jak wynika z tych informacji, pojawienie się nowych upraw do użytku przemysłowego, handlowego, a nawet krajowego, przedstawiło nadzwyczajne testy wyborów w zakresie oczyszczania, licząc wymóg pojawiających się wzajemnych podejść, które mogą obejmować szerszą gamę kombinacji zanieczyszczeń.

Opracowanie bardziej klasycznych materiałów stosowanych w codziennym życiu zwiększyło obecność bardziej wielopłaszczyznowych mieszanin zanieczyszczeń w pozostałych strumieniach wody, brudnych glebach i atmosferze (Cheng, 2017). Obecna lista pojawiających się i ważnych zanieczyszczeń we wszystkich działaniach na rzecz ochrony środowiska na całym świecie kumuluje się. Ponadto komunikacja między materiałami w zanieczyszczonym miejscu może prowadzić do powstania nowych zanieczyszczeń, które nie były ograniczone przez fundację unikalnych zanieczyszczeń (Oulton, Kohn, & Cwiertny, 2010; Wert, Rosario-Ortiz, Drury, & Sny- der, 2007). W dzisiejszych czasach ostrożna część tych automatycznie montowanych zanieczyszczeń nie jest dobrze rozumiana. Co więcej, nie ma silnej wskazówki, jak radzić sobie z ich skutkami.

Trudna trudność w eliminacji zanieczyszczeń zainteresowała pojawienie się nowych podejść do działań. Metody takie zostały zaplanowane z myślą o rozwiązaniu konkretnych etapów procesu rafinacji. To wyróżnienie zainteresowało pierwszą organizację podejść do postępowania. Następnie, główne podejścia mają bezstronne podejście do eliminacji zanieczyszczeń nierozpuszczalnych, podejścia wtórne zostały zaplanowane w celu rozkładu biologicznie asymilowalnych zanieczyszczeń i trzeciorzędnych zachowań mających na celu wyeliminowanie zanieczyszczeń rozpuszczalnych, które mogą być ledwo trawione przez mikroorganizmy. Obecnie ta naiwna organizacja nie jest w porządku, ponieważ w nowych instrukcjach projektowych dotyczących prowadzenia pociągów zmierzono potrzebę połączenia różnych działań (niezależnie od powyższej organizacji) w celu wyeliminowania obszernej lekcji o zanieczyszczeniach. W dwóch ostatnich okresach kumuluje się ilość prezentacji edukacyjnych prezentujących niezwykłe kompetencje w zakresie eliminacji zanieczyszczeń, które zależą od niekonwencjonalnego połączenia indywidualnych układów zachowania (Ledakowicz, Michniewicz, Jagiella, Stufka-Olczyk, & Martynelis, 2006; Nam, Rodriguez, & Kukor, 2001; Poznyak & Araiza G, 2005).

Wśród bardzo zróżnicowanych alternatyw podejść do wspólnego działania, wniosek o biodegradację (Kumar, Sivagurunathan, Park, & Kim, 2015 r.) i procedury chemiczne zwiększyły dbałość o różne zbiory badawcze, ponieważ zdolność do adaptacji zanieczyszczeń, które mogą być oddzielone przez odpowiednią mieszaninę tych podejść. Z jednej strony, wśród przyszłych kursów biodegradacji stosowanych w eliminacji wieloaspektowych kombinacji zanieczyszczeń, ciemna fermentacja (Gadhe, Sonawane, & Varma, 2015; Khongk- liang, Kongjan, Utarapichat, Reungsang, & Sompong, 2017), aerobowe rozcieńczanie, fotofermentacje (Ghosh, Dairkee, Chowdhury, & Bhattacharya, 2017; Laurinavichene, Tekucheva, Laurinavichius, & Tsygankov, 2018) oraz zróżnicowane fermentacje kwasowe ujawniły lepsze kompetencje. Z drugiej strony, wniosek o różne podstawy chemiczne doprowadził do zaproponowania fotolizy (Fatta-Kassinos, Vasquez, & Kümmerer, 2011; Méndez-Arriaga, Gimenez, & Esplugas, 2008), katalizy jak również fotokatalizy (Sanches et al, 2011; Shemer & Linden, 2007), ozonowanie (Beltrán, García-Araya, Rivas, Alvarez, & Rodríguez, 20 0 0; Poznyak, Manzo, & Mayorga, 2003), Fenton (Beltrán, González, Ribas, & Alvarez, 1998; Goi & Trapido, 2004), działania o charakterze elektrochemicznym i ich prawdopodobne mieszaniny jako główne plany prowadzenia działalności chemicznej (Poznyak A, 2019).

Co istotne, prawdopodobne powództwa zbiorowe stosujące odszkodowania obu rodzajów procedur, biologicznych i chemicznych, mogą być oceniane w kategoriach pozbawienia wielorakich, niesfornych, szkodliwych, a nawet trujących mieszanek, takich jak fenole (Kessy, Wang, Zhao, Zhou, & Hu, 2018; Rueda-Márquez, Sillanpää, Pocostales, Acevedo i Manzano, 2015; Silva, Nouli, Xekoukoulotakis i Mantzavinos, 2007; Silva, Coelho i Araújo, 2018; Yang i in., 2018), barwniki (Brindha, Muthuselvam, Senthilkumar, i Rajaguru, 2018; GilPavas, Dobrosz-Gómez, i Gómez-García, 2018; Zieli ́nska, Grzechulska, Kale

´nczuk, i Morawski, 2003), bisfenole (Garcia-Becerra i Or- tiz, 2018; Lobos, Leib i Su, 1992; Pahigian i Zuo, 2018), wielopierścieniowe węglowodory aromatyczne (Agrawal, Shrivastava i Verma, 2019; Chávez i in., 2019; Rivas, 2006), związki aromatyczne (Fuchs, Boll, & Heider, 2011; Li i in., 2019; Pastore i in., 2018), i kilka innych (Poznyak A, 2019).

Korzyści płynące z zastosowania biologicznych i chemicznych zachowań do degradacji zanieczyszczeń zostały osiągnięte przy zastosowaniu doświadczalnych uwarunkowań badawczych w popularnych na wymienionych kierunkach edukacji. Ostatnio, na prośbę uczestników projektu doświadczalnego, usystematyzowano asortyment badanych cech na planie postępowania (Droste & Gehr, 2018). Podpiszcie, że ta ogólna ocena proponuje liczne nowe wsparcie dla dodania chemicznych i biologicznych działań na rzecz eliminacji wieloaspektowych i toksycznych kombinacji zanieczyszczeń. W zależności od konsekwencji kompetencji w zakresie deprywacji, powierzchowna odpowiedź (lub podobna) może obronić wniosek o statyczne zdarzenia optymalizacyjne, prowadząc do znalezienia klasy poprawy nieregularności biologiczno-chemicznego zachowania zbiorowego. Wszechstronna empatia biochemicznych lub chemicznych instrumentów reagowania wymaga jednak dodatkowego wysiłku sugerującego wymóg obliczenia różnicy czasowej uwagi zanieczyszczeń (liczenie produktów ubocznych ukształtowanych wzdłuż odpowiedzi), jak również sugestii i uwierzytelnienia spójnego modelu (strukturalnego lub nie). Podstawy biochemii i chemii mogą być wykorzystane do określenia dobrze uzasadnionych modeli matematycznych ocenianego postępowania (biologicznego lub chemicznego). Istnieją niezwykłe przypadki modeli matematycznych, które wyjaśniają, w jaki sposób zanieczyszczenia reagujące z enzymami mikrobiologicznymi lub odczynnikami chemicznymi, kształtowały zauważone produkty uboczne lub nawet w większym stopniu gromadziły ostatnie mieszanki kabli reakcji. Jednak tylko kilka z nich zostało całkowicie uwierzytelnionych, ponieważ duża liczba ograniczeń (zazwyczaj współczynniki odpowiedzi) chciała opisać model pod względem zmierzonych różnic badawczych zanieczyszczeń, jak również ich produktów ubocznych. Tak więc demonstracja procedury oczyszczania, zależncj od procedur biologicznych lub chemicznych, była cechą stymulującą w EE (Gao & You, 2015; Garcia-Becerra & Ortiz, 2018; Kessy et al, 2018; Lobos et al., 1992; Pahigian & Zuo, 2018; Rueda-Márquez et al., 2015; Silva et al., 2007; Silva et al., 2018; Valdramidis et al., 2005; Yang et al., 2018; Young, 1998).

Pojawienie się wieku zależnego od komputera może zastąpić demonstracyjną misję złożonych schematów. Tak zwana demonstracja nieparametryczna wydawała się zastępować szacunkowe, oparte na danych, przedstawianie dynamiki wewnętrznej dla wielu różnych rzeczywistych schematów. Te niesparametryzowane modele wykorzystywały pewne doświadczalne skojarzenia między danymi wejściowymi i wyjściowymi pewnego schematu w trakcie edukacji. Te relacje różnią się od siebie jeszcze mapami pomiędzy danymi wejściowymi i wyjściowymi opartymi na procedurach parametrycznej dokumentacji liniowej, takich jak metoda najmniejszego średniego kwadratu z jej poszczególnymi alternatywami (Newton-Euler Miyamoto, Kawato, Setoyama, & Suzuki, 1988 , Levenberg-Marquardt Kermani, Schiffman, & Nagle, 2005 , etc).). Taki plan wystawienniczy zwiększył atrakcyjność dla publiczności technicznej ze względu na jego użyteczność i łatwość obsługi. W zależności od filozofii estymacji, zaplanowanej i rozwiniętej w ostatnim stuleciu, odmienne, nieparametryczne plany demonstracji pomogły w opisaniu map wejściowo-wyjściowych schematów z nieokreślonymi modelami. Schematy te miały bardzo różny charakter licząc mechaniczny, elektryczny, biologiczny, chemiczny i tak dalej (Haykin, 1994).

W modelu szacunkowym poszukiwano asortymentu użytecznej - przestrzennej (niezmierzonej - pomiarowej przestrzeni Hilberta) podstawy wyróżniającej doskonałość niesparametryzowanego modelu (Kasabov, 1996). Różne fundamenty wyznaczonej przestrzeni Hilberta interesowały sugestię różnorodnych modeli modelowania liczących reprodukcje zależne od modelu rozmytego, estymację Wavelet'a (Adamowski i Chan, 2011), legendarne reprezentacje zależności polimerów i tak dalej (Samarasinghe, 2016a). Wśród tych podejść zaplanowano również przedstawienie celów sigmoidalnych jako podstawy szacowanej przestrzeni, jako możliwego sposobu eksponowania nieokreślonych schematów. Podobieństwo formy celu esicy i hipotetycznej dynamiki odpalania komórek neuronowych zainteresowało zarysem terminologii sztucznych sieci neuronowych (ANN). Co więcej, zespół materii neuronowej interesował grupę celów esicy w różnych topologiach, prowadząc do tak zwanych wielowarstwowych ANN (Dowla & Rogers, 1995). Co więcej, niespójność elektrofizjologicznych celów neuronów zachwyciła sugestią nowych ANN, które mogą rozwiązać szacunkowe modelowanie schematów wielo-wejściowych/wielowyjściowych za pomocą nieokreślonych makiet. Wszystkie te cechy przemawiały za wnioskiem ANN jako głównym wyborem w celu opracowania modeli szacunkowych (Hamed, Khalafallah i Hassanien, 2004). Obecnie makiety napędzane danymi zależnymi od ANN są narażone na wiele różnych trudności technicznych i technicznych (Samarasinghe, 2016b). W dwóch ostatnich okresach nowe paradygmaty zastosowań ANN (Längkvist, Karlsson i

Loutfi, 2014; Miotto, Wang, Wang, Jiang i Dudley, 2017; Sheela i Deepa, 2013) zainteresowały odnowioną uwagę na pojawiające się bardziej progresywne topologie (Baker, Gupta, Naik, i Raskar, 2016; Hunter, Yu, Pukish III, Kolbusz, i Wilamowski, 2012; Rojas, 2013), schematy silniejszych algorytmów wiedzy (Glorot i Bengio, 2010; Le i in., 2011), bardziej dobrze zorganizowane oprogramowanie i twarde aplikacje (Misra i Saha, 2010; Ovtcharov i in., 2015; Pershin i Di Ventra, 2010) oraz odkrycie nowych pól składania wniosków (Deng, Yu i in., 2014; Ji, Xu, Yang i Yu, 2013). Filozofia głębokiej wiedzy (Deng i in., 2014; LeCun, Bengio, & Hinton, 2015) powstała jako korekta bilansująca standardowe formuły dla podstaw ANN (Karayiannis & Venetsanopou- los, 2013). Głęboka wiedza uciskała wiele cech typowych dla ANN oraz wielowarstwowych topologii (Bengio, Goodfellow, & Courville, 2015; Schmidhuber, 2015), które mogą być w pełni powiązane lub nie (Ciresan, Meier, Masci, Gambardella, & Schmidhuber, 2011; Hertz, 2018; Larsson, Maire, i Szakhnarovich, 2016; Sama- rasinghe, 2016a), wstępne przetwarzanie warstw wejściowych z nieliniowymi procesami pomiędzy znakami wejściowymi (oraz renomowanymi procedurami konstytucyjnymi) (Xu, Ren, Liu, i Jia, 2014 r.), z reakcją międzywarstwową (procedury regularne) (Lipton, Berkowitz i Elkan, 2015 r.), konstrukcje inspirowane biologicznie z myślą o budowaniu tkanek neurologicznych jako prototypy (kolce ANN, długo- i krótkoterminowe wspomnienia itd.) (Buice & Chow, 2013; Hsieh & Tang, 2012; Kar, 2016; Yang, Zhu, Yuan i Meng, 2011) oraz ogromny paralelizm (podstawy neuronowe i stopniowane ANN dla określenia niektórych z nich) (Behler, 2015). Większość z tych alternatyw ANN sugeruje dowodzenie podejścia obliczeniowego w celu rozwiązania dużego zestawu trudności, takich jak organizacja projektu, przewidywanie sekwencji czasu (Khashei i Bijari, 2010), optymalizacja (Chandrasekaran, Muralidhar, Krishna, & Dixit, 2010), informacje zależą od demonstracji (Liao, Chu, & Hsiao, 2012; Suzuki, 2011) i mimowolnych regulatorów (Suykens, Vandewalle, & de Moor, 2012) jako najbardziej publicznych instancji.

ANN znany jest jako główny instrument w różnych procedurach biotechniczno-nologicznych. Zdolności ANN do oznaczania względnych statków pomiędzy wejściami i wyjściami są niezwykle cenione ze względu na trudności w połączeniach chemicznych i biochemicznych. Nieparametryczne ustalenia dotyczące demonstracji zależą od ANN i mogą powiązać różnicę okoliczności procesowych z konsekwencjami biotechnologicznymi. Dwadzieścia lat temu postrzeganie wymiernych relacji budowlano-działań pojawiło się jako oczywista praktyka zaplanowana przez Hanscha i Fujitę (1964). Metoda ta wiązała konstrukcje chemiczne z działaniami biologicznymi. Taki okres doskonalenia może przedstawiać zwyczajowe procedury przyciągania biotechnologicznych wyrobów lub produkcji poprzez dostosowanie warunków procesu i wykrywanie różnic w produkcji doskonałej. Istnieje fundamentalne wrażenie, że wyłożone mieszaniny okoliczności operacyjnych mogą dawać różnice w metabolizmie mikrobiologicznym. Takie wrażenie wydaje się być niejasne z powodu nieliniowej dynamiki recytacji odpowiedzi biologicznych. ANN pokazująca konstrukcje biochemiczne może zawierać prognozę własności molekularnych z dokładnym składem chemicznym. Te repliki zawierają opinie wrzenia halometanów jako cel stosunku węgiel/wodór/tlen (Yoshida, Miyashita, & Sasaki, 1996). Oczyszczanie ścieków, zanieczyszczonych gleb i atmosfery sprawia trudności przy stosowaniu różnych procedur chemicznych. Głównym celem jest to, że zazwyczaj schematy biodegradacji są powolne w celu uzyskania zadowalających prezentacji oczyszczania. Ponadto, bakterie stosowane w ramach schematów biodegradacji są podatne na duże ilości zanieczyszczeń, szczególnie jeśli mają wielopłaszczyznowe konstrukcje chemiczne lub są toksyczne (Oller, Malato, & SánchezPérez, 2011; Pera-Titus, Garcia-Molina, Baños, Giménez, & Esplugas, 2004). Substytutem jest zastosowanie tzw. progresywnych procedur oksydacyjnych, które wykorzystują moc utleniania różnych materiałów chemicznych do degradacji kombinacji zanieczyszczeń. Spośród procedur chemicznych stosowanych do celów oczyszczania, najbardziej wyrafinowane metody obejmują: fotoliza (Serpone, Artemev, Ryabchuk, Emeline, & Horikoshi, 2017), kataliza (Oh, Dong, & Lim, 2016), ozonowanie (Pérez, Rodríguez-Santillan, Galicia, Chairez, & Poznyak, 2018), ozonowanie katalityczne (Aguilar, Rodríguez, Chairez, Tiznado i Poznyak, 2017; Rodríguez i in., 2018) i elekrochemii (Brillas & Martínez-Huitle, 2015; Poznyak A, 2019).

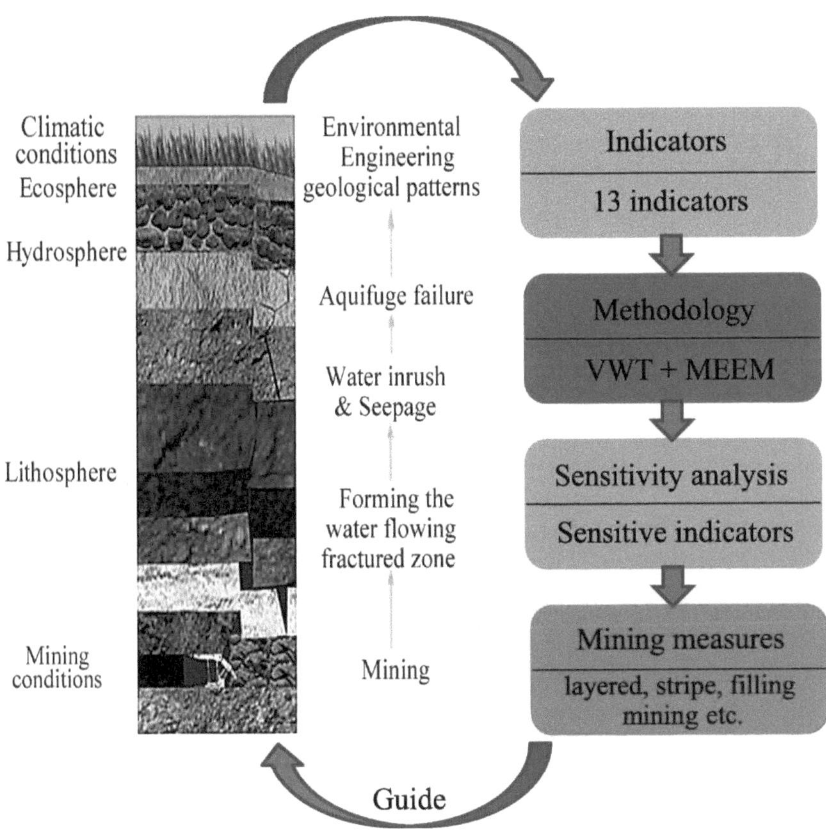

Rysunek 1. Środowiskowe wzorce geologiczne Sceince (Liu S, 2019)

Rozdział 2 : Ochrona środowiska naturalnego Koniecznie, Kalibracja i regulacja

Ponieważ zaniepokojenie opinii publicznej problemami środowiskowymi nasiliło się, liczne uczelnie w całej ekosferze rozpoczęły realizację agend środowiskowych Sceince. Agendy środowiskowe Sceince w Iranie na poziomie postępu zostały uprzemysłowione od 1990 roku. W obecnym okresie, dziesięć wyższych uczelni podaje programy środowiskowe Sceince na etapie zaawansowania. Programy nauczania w zakresie ochrony środowiska Sceince w prawie wszystkich irańskich szkołach wyższych są raczej przestarzałe. W związku z tym, że trudności ekologiczne Sceince stały się bardzo zróżnicowane i wieloaspektowe, konieczne jest opisanie nowego wyboru Sceince środowiskowej, w szczególności w powstających republikach, aby poradzić sobie z trudnościami środowiskowymi i możliwymi do utrzymania problemami ekspansji. Tak więc programy środowiskowe Sceince uczelni irańskich muszą zostać dostosowane w najbliższym czasie. Na przykład liczne sekwencje, takie jak "Zielona Chemia", "Organizacja Energii", "Regulacje środowiskowe", "Finanse środowiskowe" oraz "Moralność i postawa wobec środowiska", "Socjologia środowiskowa" i "Utrzymywalny wzrost" są zalecane w celu wzmocnienia programu wszystkich agend środowiskowych Sceince w Iranie. Celem jest wyjaśnienie aktualnego stanu i testów instrukcji środowiskowych Sceince w Iranie (Mohammad Reza Alavi Moghaddam, 2008).

"Sceince" może być różny jako zgłoszenie, w ramach ograniczeń wartości technicznych do przygotowania, projektu, budowy i procesu budowy, aparatury i schematu dla zysku cywilizacji (Sincero i Sincero, 1996). Środowiskowe Sceince jest wyznaczony jako "ten podział Sceince, który martwi się o obronę środowiska przed ewentualnymi szkodliwymi właściwościami ruchu humanoidalnego, troszcząc się o antropologicznych mieszkańców z właściwości przeciwstawnych kwestii środowiskowych i doskonaląc doskonałość środowiskową oraz o kondycję i komfort humanoidalny" (Peavy i in., 1985). Środowiskowe Sceince, które było zazwyczaj podzbiorem cywilnym Sceince koncentrującym się na higienie wody, mieściło w sobie wszystkie cechy antropologicznej i ziemskiej organizacji środowiska wodnego i ściekowego, wyższości powietrza, organizacji odpadów stałych i niebezpiecznych zanieczyszczenia dźwięku i światła oraz gospodarki odpadami niebezpiecznymi (Bishop, 2000). Tak więc, ekologiczna Sceince obejmuje wszechstronny zakres wydarzeń związanych z ekologią. Obecnie kwestie związane z ochroną środowiska dotyczą prawie wszystkich sektorów handlowych i przemysłowych i stanowią główny przedmiot zainteresowania społeczeństwa, rządów, a nawet stosunków międzynarodowych. Głównymi zagadnieniami środowiskowymi w obecnej epoce są: nieagresywna konsumpcja wody, odprowadzanie ścieków, usuwanie odpadów stałych i niebezpiecznych, zanieczyszczenie powietrza na zewnątrz i wewnątrz, organizacja zagrożeń dla środowiska oraz przewidywanie zanieczyszczeń poprzez zdrowsze, nieszkodliwe uprawy lub lepsze procedury. (EVEN, 2003). Ponieważ obawy społeczne dotyczące problemów środowiska naturalnego nasiliły się, liczne uczelnie rozpoczęły sekwencję środowiskową Sceince zarówno w krajach uprzemysłowionych, jak i wschodzących. Baza danych dydaktycznych Sceince dotyczących środowiska naturalnego w krajach uprzemysłowionych zmieniła się na tle licznych historycznych wynaturzeń. Na przykład w Stanach Zjednoczonych pakiet ten zatwierdził trzy kolejne fazy: Etap podstawowy (przed 1950 r.): głównie nacisk na ćwiczenie Sceince, stosowanie jednolitych kodów projektów i działań projektowych w starym stylu; Etap drugi: bardziej metodyczna metoda zależna, w której podkreślono ważne współczucie dla zwykłych spektakli; Etap trzeci: Bardziej zaokrąglona metoda współczucia dla procedur środowiskowych i projektów projektów środowiskowych (Biskup, 2000). Z drugiej strony, baza danych instrukcji środowiskowych Sceince w większości szkół wyższych krajów rozwijających się jest umiarkowanie przestarzała. Konieczne jest, aby uczelnie te dostosowały swoje programy. Głównym celem jest wyjaśnienie obecnego stanu i testów nauczania środowiskowego Sceince w Iranie. 2. Krótka historia zaawansowanego nauczania w Iranie Przeszłość powstania wyższych szkół akademickich w Iranie sięga 1851 r. wraz z powstaniem "Darolfonoon", co oznaczało szkolenie i kształcenie irańskich specjalistów w wielu dziedzinach dyscypliny i umiejętności. W 1928 roku pierwsze irańskie kolegium (The College of Tehran) zostało zaprojektowane przez irańskiego fizyka Mahmuda Hessaby'ego, który został zbudowany w 1934 roku. Głównym założeniem utworzenia kolegium było rozpowszechnianie postępowych informacji na temat dyscyplin, umiejętności, prac i postaw (Higher Teaching, 2006; Higher teaching in Iran, 2006). Kolegium Podstawowe w Iranie (Kolegium Teherańskie) kontynuowało swoje działania, zakładając sześć kolejnych umiejętności (Historia, 2006): 1) Religia, 2) Dyscyplina zwykła i arytmetyka, 3) Praca, postawa i dyscypliny instruktorskie, 4) Medycyna i jej liczne podziały, 5) Prawo, wiedza polityczna i finanse, 6) Sceince. W 1934 r. tylko 40 uczonych przyznało się do umiejętności Sceince College of Teheran na arenach Sceince cywilnych, Sceince mechanicznych, Sceince górniczych i pól elektrycznych Sceince (przeszłość UT, 2006). W międzyczasie, podczas islamskiego powstania w Iranie w 1979 r., program instruktażowy republiki odszedł w jakościowych i wymiernych krokach. Dwa urzędy odpowiedzialne za zaawansowane nauczanie w Iranie to Office of Discipline, Investigation and Skill oraz Office of Fitness and Medicinal Teaching. Obecnie w ramach MSRT i MHME działają odpowiednio 54 kolegia i instytucje rozwiniętego szkolnictwa oraz 42 kolegia terapeutyczne. Ponadto Islamic Azad College; jako podstawowa ustronna szkoła wyższa w Iranie, tętni obecnie życiem w ponad 110 metropoliach w Iranie, gdzie pracuje ponad pół miliona naukowców (Teaching Scheme, 2006; Advanced Teaching, 2006; Development Teaching in Iran, 2006). 3. Ogólna ocena programów nauczania w zakresie ochrony środowiska w Iranie Obecnie przedmioty związane z ochroną środowiska przenoszą prawie wszystkie dochodowe i produkcyjne pododdziały i stanowią dominujący niepokój społeczności, administracji, a nawet globalnych krewnych. W Iranie istnieje wiele szkół wyższych, które oferują różne programy związane z dyscypliną środowiskową i Sceince. Różne umiejętności, uniwersytety i sekcje wnoszą obecnie wkład w postaci dyplomów ukończenia studiów drugiego stopnia, BSc, magisterskich i doktoranckich w wielu tematach związanych ze środowiskiem, które zostały przedstawione w tabeli 13.

Tabela 13. Programy instruktażowe w zakresie ochrony środowiska w Iranie*

Name of Department/ Schools/ Faculties	*Offered Degree*	*Authorized by*	*Main Universities*
Department of Civil Engineering	MSc and PhD in Environmental Engineering	MSRT	Sharif University of Technology, Amirkabir University of Technology, Tarbiat Modaress University, Iran University of Science and Technology, Khaje Nasir University of Technology, The University of Shiraz, Isfahan University of Technology
Faculty of Environment	MSc and PhD in Environmental Engineering, MSc in Environmental planning and Management, Msc in Environmental design	MSRT	The University of Tehran
Department of Chemical Engineering	MSc and PhD in Environmental Engineering	MSRT	Sharif University of Technology
Faculty of environmental resources	BSc and MSc in Environmental Science	MSRT	The University of Tehran, Tarbiat Modares University, Isfahan University of Technology
School of Public health	Associate Diploma, BSc, MSc and PhD in Environmental health	MHME	Tehran University of Medical Sciences, Isfahan University of Medical Sciences, Iran University of Medical Sciences

MSRT = Ministry of Science, Research and Technology (Iran)
MHME =Ministry of Health and Medical Education (Iran)
* Non-governmental Universities (Islamic Azad Universities) are not included in this list

Obecnie w Iranie nie ma klasy BS Environmental Sceince. Pakiet środowiskowy Sceince w klasie progress jest uprzemysłowiony w Iranie od 1990 roku. W tym okresie tylko dwie uczelnie (The College of Shiraz i Tarbiat Modares College) przedstawiły magistra Sceince w zakresie ochrony środowiska w Iranie i tylko kilku naukowców przyznało się do tych programów. Na przykład, w 1990 roku tylko trzech uczonych zostało uznanych za magistrów Sceince środowiska w

Tarbiat Modares College. W tym czasie egzamin na magistra ochrony środowiska Sceince został oddzielony od innych aren cywilnych Sceince i samozwańczych uczonych miał odmienne wychowanie, takie jak cywilne Sceince, biochemiczne Sceince i nawadniania Sceince. Obecnie w Iranie istnieje dziesięć kolegiów (z wyłączeniem kolegiów pozarządowych), które dają środowiskowe sekwencje Sceince w klasach alumna, które są tolerancyjne ponad 90 głównych uczonych rocznie (tabela 14).

Tabela 14. Ilość samozwańczych naukowców do oceny magisterskiej w 2007 r.*

No.	*University*	*Department / Faculty*	*No. of student admitted*
1	Sharif University of Technology	Civil Engineering	11
2	Amirkabir University of Technology	Civil and Environmental Engineering	10
3	Tarbiat Modaress University	Civil Engineering	8
4	Iran Universty of Science and Technology	Civil Engineering	8
5	Khaje Nasir University of Technology	Civil Engineering	10
6	Shiraz Universty	Civil Engineering	5
7	The University of Tehran	Faculty of Environment	20
8	Tarbiat Moalem University	Civil Engineering	10
9	Mazandaran university	Civil Engineering	6
10	Ferdowsi University (Mashhad)	Civil Engineering	6
Total	94		

*Adopted from Guideline MSc (2007), Ministry of Science, Research and Technology.

W chwili obecnej egzamin wstępny na ekologiczną Sceince jest podobny do innych aren cywilnych Sceince, a więc ponad 90 procent samozwańczych uczonych ma cywilne Sceince kontekstualne. Spośród dziesięciu wyżej wymienionych kolegiów, dwa z nich (Tarbiat Modaress College i The College of

Teheran) posiadają bazę danych doktorantów z zakresu Environmental Sceince w Iranie. Tak więc tylko nieliczni mistrzowie nauki są tolerancyjni wobec bazy danych o doktoratach. Liczba uczelni w Iranie, które wnoszą wkład pani i doktora Sceince w dziedzinie ochrony środowiska, nie jest odpowiednia w powiązaniu z uczelniami w republikach uprzemysłowionych. Na przykład, w Ameryce Północnej istnieje około 140 college'ów z wkładem magistra i doktora (Bishop, 2000). Jako przykład nauczania środowiskowego Sceince w Iranie, program podziału na cywilne i środowiskowe Sceince w Amirkabir College of Technology dla pakietu Master jest wyjaśniony od tej pory. 4. Nauczanie o środowisku Sceince w Oddziale Cywilno-Środowiskowym Sceince, Amirkabir College of Technology Wydział Cywilno-Środowiskowy Sceince AUT uznał w 2003 roku stopień magistra Sceince w dziedzinie środowiska. W tym samym okresie zmieniono nazwę "Sekcji Sceanu Cywilnego" na "Oddział Sceanu Cywilnego i Środowiskowego (CEE)". Głównym celem pakietu środowiskowego Sceince w AUT jest zapewnienie nauczania w zakresie Sceince środowiskowej dla uczonych, którzy mają odmienne wychowanie (Civil Sceince, Chemical Sceince, Mechanical Sceince i tak dalej) na równi z postępem. Pakiet instruktażowy MSc Environmental Sceince zliczający wszystkie areny i sekwencje (liczenie szefa i sekwencje głosowania), możliwy do uzyskania przez CEE Oddział AUT, pokazano na Rys. 11. Korzystając z tego pakietu, naukowcy mogą wybrać swoje areny kształcenia po II semestrze. Następnie naukowcy wybiorą co najmniej trzy sekwencje głosowania, za zgodą swoich menedżerów. Stypendyści studiów magisterskich z Environmental Sceince będą zazwyczaj przewidywalni co do jakości swoich ocen w ciągu 2 lub 2,5 roku (4 lub 5 semestru) poprzez zakończenie co najmniej 30 jednostek pochwalnych oraz pracę dyplomową (6 jednostek zaliczeniowych). Nie ma dużych zmian w prospektach emisyjnych MSc środowiskowych Sceince w AUT i innych uczelniach w Iranie. Niektóre uczelnie, takie jak Sharif College of Knowledge, zastąpiły "Postępową arytmetykę" sekwencją "Przygotowanie środowiskowe i organizacja" dla swojego pakietu magisterskiego. Dodając, istnieje zmiana w sekwencjach głosowania obecnych w każdym oddziale, które są w większości przypadków uzależnione od wyspecjalizowanych dziedzin personelu teoretycznego. 5. Testy edukacji ekologicznej w Iranie Obecnie, trudności środowiskowe Sceince stały się bardzo zróżnicowane i wieloaspektowe. W tym celu niezbędne jest opisanie nowych możliwości środowiskowych Sceince w zakresie radzenia sobie z trudnościami środowiskowymi i utrzymującymi się obawami o ekspansję, szczególnie w powstających republikach.

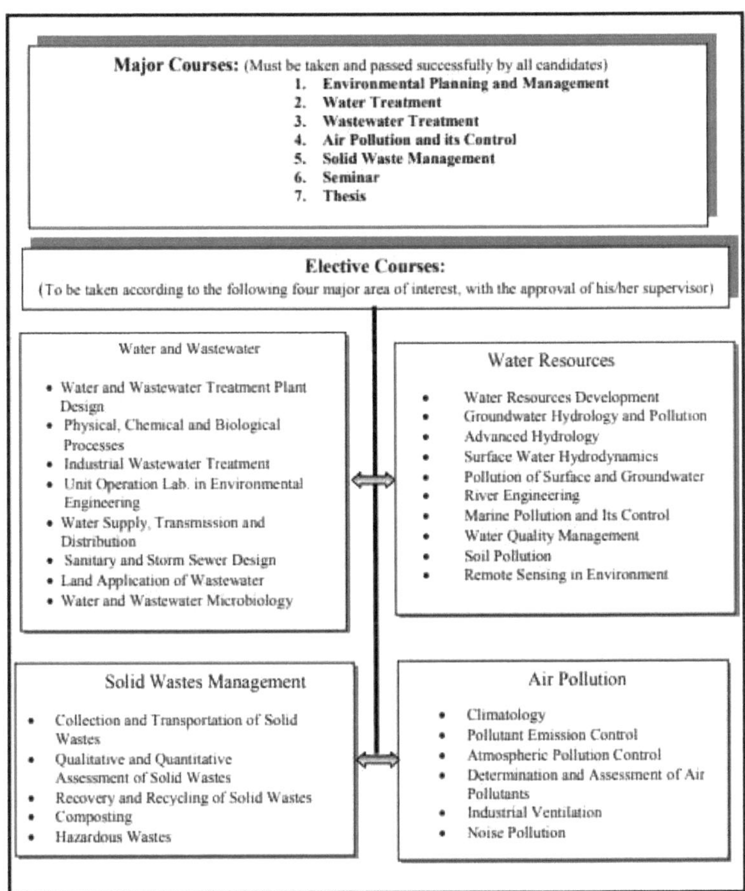

Rys. 12. Baza danych instruktażowych MSc Environmental Sceince w oddziale Civil and environmental Sceince (Alavi Moghadam et al., 2004; Curriculum Book, 2003)

Z drugiej strony, "wielowymiarowy krajobraz trudności środowiskowych współczesnego etapu proponuje potrzebę pracy zespołowej wśród inżynierów, wspólnych i zwykłych naukowców, ekonomistów" (Mino, 2000). Odpowiednio, dodawanie prospektów Sceince z dyscyplinami wspólnotowymi, społecznymi i finansowymi nie odbywa się na żadnej z aren Sceince w Iranie. Dlatego też wszystkie uczelnie wyższe w Iranie (zwłaszcza środowiskowe areny Sceince) muszą dostosować swoje prospekty, aby osiągnąć główne, możliwe do utrzymania cele wzrostu. Nie można nie ufać, że przestarzała baza danych środowiskowych Sceince nie jest w stanie poradzić sobie z wieloaspektowymi problemami środowiskowymi, z jakimi borykają się obecnie powstające republiki. Sekcje środowiskowe Sceince w irańskich kampusach powinny dostosować swój program poprzez dodanie wielu nowatorskich i multidyscyplinarnych sekwencji w najbliższym czasie. Liczne sekwencje, takie jak "Zielona Chemia", "Organizacja Energetyczna", "Reguły środowiskowe", "Finanse środowiskowe" oraz "Moralność i filozofia środowiskowa", "Socjologia środowiskowa" i "Utrzymywalny wzrost" mogą zostać dodane do prospektu emisyjnego całego pakietu środowiskowego Sceince jako sekwencje głosowania w Iranie. Dodając te sekwencje, wszyscy inni naukowcy z Sceince (zarówno naukowcy, jak i postępowcy) mogą przypadkowo wziąć udział w tych interdyscyplinarnych sekwencjach. Prezentacja tych adresów w bazie danych Sceince w zakresie ochrony środowiska w Iranie nie jest tak nieformalna, głównie ze względu na brak teoretycznych możliwości działania w tych multidyscyplinarnych obszarach. Uczelnie powinny popierać swoje działania na rzecz utrzymania wzrostu gospodarczego. Jedną z głównych aren, która może wspierać kulturę zrównoważonego rozwoju, jest "Environmental Sceince". Odnosząc się do celu 65 czwartej strategii ekspansji Iranu (2005-2009), rząd powinien wprowadzić zasady dotyczące ścieżki zrównoważonego rozwoju dla wszystkich biur, uczelni i innych grup. Uczelnie będą przyzwoitym przypadkiem usprawniały swoje działania na rzecz tworzenia różnych powiązanych ze sobą aren, np. środowiskowych Sceince i nauki. Rząd ma nadzieję, że te działania w college'ach będą miały miejsce, przedstawiając niektóre college'e jako "Green College". Na przykład, w zależności od działań AUT w kierunku możliwej do utrzymania ekspansji, w 2003 roku zostało przyjęte przez Iran Office of Discipline, Investigation and Skill oraz Branch of Environment jako "Green College". Tak więc, AUT jako jedna z głównych uczelni praktycznych w Iranie wybrał plan "innowator zrównoważonego rozwoju w Iranie" na następny okres (Alavi Moghadam i in., 2004; Alavi Moghadam i in., 2005) Nauczanie Ekologiczne Sceince w Iranie jest na początku metody i istnieje wiele problemów, aby wskazać te dziedziny edukacji. Główne problemy są skrócone jak: 1) Tani krawężnik dla tworzenia ekologicznych agend Sceince w irańskich szkołach wyższych. 2) Brak teoretycznych działań na odmiennej, nowatorskiej arenie środowiskowej Sceince. 3) Brak specjalistów w dziedzinie ochrony środowiska Sceince byłych studentów z powodu słabego stanowienia prawa w zakresie obrony środowiska. 4) Brak długoterminowych przygotowań do pakietu edukacyjnego Sceince w Iranie 5) Brak globalnej pracy zespołowej wśród wyższych uczelni w Iranie i republikach uprzemysłowionych 6) Problemy w autoryzowanym procesie zakładania nowatorskich aren w irańskich kolegiach. 7) Brak grupy ekspertów do przeglądu i oceny agend środowiskowych Sceince w Iranie.

Pakiet środowiskowy Sceince na poziomie alumna jest w Iranie uprzemysłowiony od 1990 roku. W chwili obecnej w Iranie istnieje dziesięć szkół wyższych, które dają pakiet środowiskowy Sceince na poziomie alumna. Statystyki zaawansowanych naukowców tej areny są melodramatycznie powiększone w ciągu ostatnich kilku lat. Środowiskowy program nauczania Sceince w prawie wszystkich szkołach wyższych w Iranie jest dość stary i powinien zostać dostosowany w najbliższym czasie nadając do wymagań i trosk społeczności. Istotne jest, aby opisać nową możliwość środowiskowego Sceince do radzenia sobie z trudnościami środowiskowymi i utrzymującymi się obawami o wzrost, szczególnie w nowych republikach. Liczne sekwencje, takie jak "Zielona Chemia", "Organizacja Energetyczna", "Regulacje środowiskowe", "Finanse środowiskowe" oraz "Moralność i postawa wobec środowiska", "Socjologia środowiskowa" i "Utrzymywalny wzrost" są opcjonalne, aby dodać do prospektu emisyjnego całego pakietu środowiskowego Sceince jako sekwencje głosowania w Iranie. Nauczanie w ramach pakietu środowiskowego Sceince w Iranie jest na początku metody i istnieje wiele problemów związanych z identyfikacją tych dziedzin edukacji. Główne problemy to: 1) Tani krawężnik dla tworzenia agend środowiskowych Sceince 2) Brak pracy teoretycznej 3) Brak zawodów eksperta dla inżynierów ochrony środowiska 4) Brak długoterminowych przygotowań do pakietu środowiskowego Sceince w Iranie. 5) Brak globalnej współpracy 6) Problemy w autoryzowanym procesie zakładania nowych aren oraz 7) Brak grupy ekspertów ds. przeglądu i oceny agend środowiskowych Sceince.

Rozdział 3: Edukacja ekologiczna Sceince w Ameryce

Arena środowiskowa Sceince szybko się rozwija, a programy nauczania środowiskowego Sceince były obowiązkowe, aby spróbować ratować krok. Posiadanie wszystkich tych wariantów było problematyczne dla wielu programów uniwersyteckich, głównie tych, które nie mają odrębnego programu środowiskowego Sceince. W związku z tym, wiele szkół wyższych tworzy odrębne środowiskowe programy nauczania Sceince lub nawet tworzy odrębną sekcję środowiskowego Sceince. Określa ona obecne działania w zakresie rozwoju w Ameryce Północnej i stara się rozpoznać te programy. Określa również budowę i proces tworzenia Konotacji Środowiskowej Scecece i Wykładowców Dyscypliny, grupy w Ameryce Północnej, która jest poświęcona doskonaleniu nauczania środowiskowego Sceince (P.L. Bishop, 2000).

Ziemia środowiskowa Sceince szybko się rozwija, a programy nauczania środowiskowego Sceince były obowiązkowe, aby spróbować zachować krok. Środowiskowe Sceince, które kiedyś było zazwyczaj częścią składową cywilnego Sceince koncentrującego się na higienie wody, rozwinęło wszystkie cechy antropologicznej i globalnej organizacji środowiskowej wody i ścieków, doskonałości powietrza, zwartej i niebezpiecznej organizacji odpadów, zdrowych i jasnych zanieczyszczeń oraz organizacji odpadów niebezpiecznych, aby wymienić tylko kilka z nich. Posiadanie tych wszystkich możliwości było problematyczne dla wielu programów uniwersyteckich, głównie tych, które nie mają odrębnego prospektu środowiskowego Sceince. W związku z tym, wiele uczelni rozpoczyna odrębne środowiskowe programy nauczania w Sceince, a nawet tworzy odrębny oddział środowiskowy Sceince. Określa on obecne działania na rzecz rozwoju programów w Ameryce Północnej i energię do rozpoznawania tych programów. Określa również budowę i proces tworzenia Konotacji Środowiskowej Sceince i Dyscypliny Wykładowców, grupy w Ameryce Północnej, która jest poświęcona doskonaleniu nauczania środowiskowego Sceince. Sceince jest odrębna jako żądanie wiedzy i arytmetyki, dzięki którym posiadanie substancji i podstaw energii na wsi staje się wartościowe dla osób (Merriam Webster, Inc., 1999). Pierwotnie całe nauczanie Sceince było podzielone jako "cywilne" Sceince lub "wojenne" Sceince, zależnie od jego akcentu. Dokładne poprawki Sceince zostały jednak uprzemysłowione, często jednak podzielone jako nowe areny Sceince: mechaniczna Sceince, elektryczna Sceince, chemiczna Sceince i tak dalej. Organizacja środowiska naturalnego do niedawna była obserwowana, z kilkoma wyjątkami, jako podsekcja Sceince cywilnej, ale Sceince środowiskowa znajduje się obecnie na rozdrożu, gdzie liczne programy odchodzą od Sceince cywilnej i atrakcyjnych samorządowych poprawek lub programów ocen. Amerykańska Akademia Inżynierów Ochrony Środowiska (AAEE) opisuje środowiskową Sceince jako "...prośbę Sceince o wartości dla organizacji środowiska dla umocnienia antropologicznego dobrobytu, dla obrony pomocnej ekologii wsi oraz dla poprawy jakości życia humanoidów w związku ze środowiskiem naturalnym". Dlatego też okres "ekologiczny Sceince" kryje w sobie kompleksowy zakres działań związanych z ekologią. Pierwotnie firma Sceince zajmowała się głównie rozbudową i dostarczaniem wody pitnej. Zaawansowani inżynierowie zaczęli mówić o trudnościach powodowanych przez ścieki, zrzuty powietrza i odpady stałe, a także odzyskiwać warunki biurowe i bezpieczeństwo pracowników. Tylko około 30 lat wcześniej przygotowany lęk przed odpadami trującymi i niebezpiecznymi wysunął się na pierwszy plan. W nowych epokach coraz większy nacisk kładzie się na minimalizację ilości odpadów, ich powtórne przetwarzanie i recykling w celu zminimalizowania ilości odpadów do osiągnięcia. Żaden teoretyczny program środowiskowy Sceince nie ma dochodów do zaoferowania w nauczaniu o złożoności we wszystkich tych częściach. Tak więc, każdy program musi wybrać, w których strefach musi być określony. Wybory te powinny być jednak zakończone ogólnym uznaniem, że inżynier ochrony środowiska nie podejmuje wysiłków w klasyfikowanym środowisku, w którym efekty w jednej średniej środowiskowej nie przesuwają się dodatkowo. Eliminacja opóźnionych zanieczyszczeń z wody przez opady lub skutki sedymentacji w produkcji błota. Środowisko wodne zostało przygotowane, ale kolejne błota muszą być składowane na wysypiskach (co może powodować zanieczyszczenie gleby lub wód gruntowych) lub niszczone, co powoduje zanieczyszczenie powietrza. Zanieczyszczenia powietrza mogą zostać oddzielone przez oczyszczenie, co powoduje, że zanieczyszczenia ponownie stają się problematyczne z zanieczyszczeniem wody. W związku z tym inżynierowie ochrony środowiska nie mogą badać tylko jednej średniej środowiskowej, ale muszą znać wpływ swoich wyborów na wszystkie inne programy. Wybory chcą być kompletne przy zastosowaniu metody all-inclusive. Każdy program akademicki musi wybrać, w jaki sposób przypisać okres kształcenia do strefy polowej i do połączonych części. Prawidłowe rozwiązywanie problemów środowiskowych wymaga udziału nie tylko inżynierów ochrony środowiska, ale także inżynierów z innych dziedzin (cywilnych, chemicznych, mechanicznych, elektrycznych), jak również ekspertów (biologów, chemików, ekologów, geologów, itp.), ekonomistów, socjologów, dogmatyków i procesorów.), ekonomistów, socjologów, dogmatyków i przetwórców. W większości rzeczy strona ta jest prowadzona przez inżyniera ochrony środowiska, ponieważ ma on kontekst, aby zrozumieć ogólny problem i rozwinąć plany dotarcia do wyjaśnienia. W związku z tym, inżynier ochrony środowiska powinien posiadać wielodyscyplinarny kontekst, jak również organizację schematu i usługi w zakresie deklaracji. Jest to wiele istotnych elementów charakterystycznego programu teoretycznego, przede wszystkim takiego, który jest dość obszerny na początek, jak np. program cywilny Sceince. Środowiskowe programy nauczania Sceince w Stanach Zjednoczonych Ekologiczne przykłady nauczania Sceince w Stanach Zjednoczonych zmieniły się w ciągu ostatnich wielu okresów (Tabela 14). Na początku 1950 roku nacisk położono na powtarzanie Sceince, stosując niezłomne cyprysy projektu i wydarzenia w starym stylu. Nacisk zmienił się wtedy na metodę bardziej zależną od wiedzy, w której podkreślano ważne współczucie dla zwykłych cudów. W nowych wiekach nastąpiła zmiana na metodę bardziej wszechstronną, polegającą na sympatyzywaniu z procedurami środowiskowymi i projektowaniem schematów środowiskowych. Nastąpiła również zmiana z przekonania, że ekologiczne nauczanie Sceince powinno rozpoczynać się od stopnia zaawansowania, po uzyskaniu solidnej podstawy Sceince w jednej z bardziej starych korekt Sceince, na rozbudowę poszczególnych programów środowiskowych Sceince o charakterze naukowym. Jest to nadal dość sporne w Stanach Zjednoczonych, ale więcej Bachelor of Discipline w programach środowiskowych Sceince są wielokrotnie uzupełniające każdego roku. Istnieje około 140 szkół wyższych w Ameryce Północnej wkład M.S. lub stopień doktora w środowiskowym Sceince. Wiele z nich jest wybieranych jako ekologiczne stopnie Sceince, podczas gdy inne przekazują tytuł głównego programu (np. cywilne Sceince) z ekologicznym akcentem Sceince. Z tych programów tylko 10 jest zaliczanych do stopnia zaawansowania (patrz tabela 2). Procedura autoryzacji zostanie oznaczona w przyszłości. Większość akademickich programów cywilnych Sceince w Stanach Zjednoczonych (około 220 szkół wyższych), a także kilka programów w innych poprawkach Sceince, pozwala uczonym dokonywać wyboru podkreślając ekologiczną Sceince, ale tylko 26 programów oferuje wyraźną ocenę naukową w ekologicznej Sceince. Dlatego większość szkół wyższych w Stanach Zjednoczonych nadal tylko w ramach cywilnego programu Sceince wnosi wkład w ekologiczną Sceince. Mimo to, ilość naukowych programów ekologicznych Sceince, które wymagają autoryzacji, co roku szybko rośnie.

Tabela 15. Przykłady ekologiczne Sceince

Pre-1950	Focus on engineering practice; design according to codes and traditional rote procedures; public health emphasis.
1950–1996	Focus on engineering sciences; fundamental understanding of natural phenomena and process simulations; reduced emphasis on practice, including design; breach in education/practice continuum; series of environmental engineering education conferences.
1996–?	Focus on communication, teamwork impediments to holistic evaluation and design of environmental systems, partnering and global perspective; education/practice continuum; environmental engineering education relevance conferences.

Source: ABET, 1998.

Zespół Autoryzacyjny ds. Sceince i Umiejętności został ukształtowany w 1933 roku, aby obiecać, że absolwenci programów Sceince są wystarczająco wyposażeni, aby przybyć i przetrwać ćwiczenie Sceince, aby stymulować rozwój nauczania w Sceince, aby inspirować nowe i przełomowe metody nauczania Sceince oraz aby zaklasyfikować do społeczności te programy, które spełniają określone standardy autoryzacyjne. ABET jest jedyną działalnością udokumentowaną w Stanach Zjednoczonych i Kanadzie odpowiedzialną za rozpoznawanie programów Sceince. Ostatnio ABET zawarł umowy z innymi republikami, aby poznać znaczną równoważność uznawania programów w tych republikach z potrzebami ABET. Dochód ten, z którego korzystają absolwenci programów uznawanych przez jedną z tych form, jest ustalany na podstawie tych samych przywilejów i swobód kredytowych, co w przypadku absolwentów programów uznawanych przez drugą formę. W tym okresie istnieją umowy z Australią, Kanadą, Hongkongiem, Irlandią, Nową Zelandią, Republiką Południowej Afryki i Zjednoczonym Królestwem. ABET jest w procedurze głównej zmiany w metodzie Oceniane są programy Sceince. Przez wiele okresów ocena była uzależniona od "metody wkładu". Wielki zwyczaj sekwencji mootowych został zakazany przez ABET jako obowiązkowy dla wszystkich uczonych. Pobiegało to do sprawiedliwie niezmiennego, nieugiętego prospektu i lewicowego niewielkiego obszaru dla pouczającej nowości. W ciągu dwóch poprzednich lat ABET zmienił procedurę autoryzacji na "metodę konsekwencji", w której pozostawia się każdemu osobnemu programowi opisanie jego celów instruktażowych i przedmiotów oraz udowodnienie, że jest on konferencją tych celów. Nie będzie dłuższej spójności prospektów emisyjnych wśród wszystkich szkół wyższych. Ocena programu Sceince ABET będzie teraz zależała od doskonałości i prezentacji uczonych i absolwentów. Jest to odpowiedzialność organizacji szukającej upoważnienia do udowodnienia, że jest ona konferencją swoich obiektów programowych. Aby to zakończyć, każdy program Sceince musi mieć w domu: - pełne, dostępne obiekty instruktażowe, które są wiarygodne ze standardami ABET; - procedurę opartą na wymaganiach wielu wyborców programu, w której cele są zdecydowane, a czasami oceniane; - program i procedurę, która potwierdza osiągnięcie tych obiektów; oraz - schemat ciągłej oceny, który udowadnia osiągnięcie tych obiektów i wykorzystuje konsekwencje w celu odzyskania skuteczności programu. ABET, jako podstawa ogólnych standardów dla wszystkich programów Sceince, kładzie nacisk na 11 ważnych cech, których dotyka, a które są niezbędne do tego, aby postęp był prawidłowo gotowy do próby Sceince. Są one zarejestrowane w tabeli 3. Dodając do tego, czy absolwenci programu zachowują te cechy, procedura autoryzacji kontroluje również ułożenie sekwencji ekspertów programu, doskonałość jego możliwości, kompetencje zaplecza drugiego stopnia oraz oficjalne i pieniężne zapewnienie przez kampus (AAEE, 1998). Dodając do ogólnych dostaw dla wszystkich programów Sceince, każdy program musi również spełniać dokładne normy programowe, których dotyczy korekta. Normy środowiskowe programu Sceince, uprzemysłowione przez AAEE, zostały zarejestrowane w tabeli 4. Jak można zrozumieć, są one o wiele bardziej liberalne niż wszystkie standardy i są o wiele bardziej kompletne niż standardy programowe dla innych korekt. Wkrótce staną się one częścią standardów zależnych od wkładu w ramach poprzedniej procedury oceny ABET i wywołują sprzeciw wśród niektórych programów, które chętnie je zatwierdzają. Zgodnie z tymi zasadami moralnymi, wiele z nich to prawdopodobnie tylko prospekty emisyjne. Każdy program może dawać absolwentom kombinację wielu różnych możliwości. Wszyscy byli studenci powinni jednak posiadać prostą empatię wszystkich cech środowiskowych Sceince, jak również dokładne podstawy odpowiednie dla wybranych części akcentowych. Tabela 5, zaawansowana przez AAEE, przedstawia wszystkie istotne części odnoszące się do każdej z nich. Tabela ta może być stosowana w powstającym prospekcie emisyjnym dla konkretnej części akcentującej. The Connotation of Environmental Sceince and Discipline Lecturers the Connotation of Environmental Sceince and Knowledge Professors rozpoczęła się w 1963 r. jako amerykańska konotacja profesorów w dziedzinie higieny. Na przestrzeni wieków grupa widziała wiele odmian nazwisk (najbardziej nowa jest ta dzisiejsza; wcześniej nazwano ją "Skojarzenie z rodowodem środowiskowym", ale prospekt emisyjny programu musi mieć: - wiedzę na temat ważnych idei dotyczących minimalizacji odpadów i odstraszania od zanieczyszczeń; - sympatię dla części i zadań organizacji społecznych i odosobnionych administracji w organizacjach ekologicznych; - umiejętność rozpowszechniania informacji o schematach i procedurach ochrony środowiska oraz metodach ich demonstracji; - umiejętność przeprowadzania prób warsztatowych dotyczących zachowań oraz dezaprobatę dla badania i rozumienia informacji w więcej niż jednej z udokumentowanych części programu, na które kładzie się nacisk; - umiejętność arytmetyki poprzez obliczanie różnic, prawdopodobieństwo i liczby, fizykę opartą na rachunku, chemię ogólną, wiedzę podstawową (np, geologia, klimatologia, wiedza o glebie) związane z programem kształcenia, dyscyplina organiczna (np, mikrobiologia, ekologia wodna) odnosząca się do programu kształcenia oraz procedura wodna odnosząca się do programu kształcenia; - informacje o podstawach na poziomie podstawowym w kolejnych głównych częściach: umiejętności w zakresie progresywnych wartości i powtarzalności w co najmniej trzech z głównych części programu; - umiejętności osiągania celów projektu Sceince w zakresie ochrony środowiska dzięki zyskom z zaangażowania w projekt w połączeniu ze specjalistyczną częścią programu; oraz - rozumienie pojęć powtarzalności eksperckiej, takich jak uzyskiwanie, żądanie w stosunku do procedur asortymentowych uzależnionych od doskonałości, komunikowanie się ze specjalistami ds. projektu i budownictwa oraz stanowisko eksperta certyfikującego i bieżącego nauczania. 2. 2. Umiejętności - Główny nurt sekwencji kształcenia w zakresie umiejętności, które są głównie projektami w ramach gratyfikacji, musi potwierdzać, że są one zdolne do przekazywania projektu poprzez atut pouczającej wiedzy kontekstowej i projektowej, lub poprzez licencję eksperta.

Tabela 16 Programy środowiskowe Sceince zaliczone na poczet progresywnych poziomów

University of Cincinnati	University of Oklahoma
Georgia Institute of Technology	Virginia Polytechnic Institute and State University
University of Massachusetts, Amherst	Manhattan College
New Mexico State University	University of Texas at Austin
University of North Carolina at Chapel Hill	Clemson University

Source: ABET, 1998.

Tabela 17 Podkreślenie standardów ABET

1. an ability to apply the knowledge of mathematics, science, and engineering;	7. the broad education necessary to understand the impact of engineering solutions in a global/ societal context;
2. an ability to design and conduct experiments, as well as to analyze and interpret data;	8. a recognition of the need for and an ability to engage in life-long learning;
3. an ability to design a system, component, or process to meet desired needs;	9. an ability to communicate effectively;
4. an ability to function on multidisciplinary teams;	10. a knowledge of contemporary issues; and
5. an ability to identify, formulate, and solve engineering problems;	11. an ability to use the techniques, skills, and modern engineering tools necessary for engineering practice.
6. an understanding of professional and ethical responsibility;	

Nauczanie i badania na arenie środowiskowej są postępowe dzięki książkom, sesjom, sklepom i adresom AEESP. Firma AEESP udostępniła wiele niezwykle owocnych przewodników edukacyjnych dla poszczególnych sekwencji. Członkami AEESP są często obecne sklepy wspierane przez AEEPS na głównych sesjach środowiskowych Sceince. Connotation często wspiera dwie sekwencje sesji: Sesja "Environmental Sceince Teaching Session" oraz "Investigation Wants in Environmental Sceince Session". Najbardziej wiarygodnym wysiłkiem jest coroczna wycieczka adresowa wybitnego naukowca w dziedzinie ochrony środowiska Sceince. Prelegent dzwoni do około 11 uczelni, dając wgląd w badania, które doprowadziły go do znaczenia. W alternatywnych wiekach prelegent pochodzi z zewnątrz ze Stanów Zjednoczonych. AEESP bezpośrednio inspiruje nauczanie o środowisku Sceince w trzech zwyczajach: charytatywna propozycja doktoratu i nagrody za pracę magisterską, publikacja i rozdanie ulotki pozwalającej na bycie inżynierem środowiskowym So You Poverty! potencjalnym naukowcom, oraz publikacja Listy Programów Postępu Sceince Środowiskowego (AEEP, 1996) i Listy Programów Naukowych Sceince Środowiskowego (AEEP, 1997). Sceince Discipline, Inc. i CH2M-Hill przyznają rocznie dwie nagrody za pracę doktorską, w towarzystwie nagród pieniężnych w wysokości 1000 dolarów. Dwie nagrody za pracę magisterską są wspierane przez Montgomery Watson, Inc. Jednym z głównych działań AEESP jest książka z pełną listą programów środowiskowych Sceince Alumna Agendas, dostępna co pięć lat. Lista zawiera informacje o możliwościach, sekwencjach, opłatach, ocenach i udogodnieniach dla ponad 100 szkół wyższych w całej Ameryce Północnej. Jest to główna orientacja dla umiejętności, naukowców i absolwentów, szefów, działalności administracyjnej i biblioteki publicznej. Poniższe ogłoszenie jest przewidywalne jako tekst zależny od hipermediów, możliwy do uzyskania przez Internet. AEESP jest grupą wspierającą American School of Environmental Engineers i Global Water Connotation. Ponadto, AEESP jest drugorzędną grupą wspierającą ogólnokrajową amerykańską grupę IWA. Dodając do tego, że jest częścią jedynej i prawdziwej grupy ekspertów, członkostwo w AEESP uzyskuje kolejne bezpośrednie wsparcie: - trzy tematy rocznie biuletynu informacyjnego AEESP, w którym zapisywane są aktualne informacje na temat działalności Connotation i książek, możliwych do uzyskania lokalizacji zdolności oraz istotne wiadomości dotyczące środowiska; - roczny kalendarz członkowski, który zawiera podręcznik know-how, a także zwykłe harmonogramy wystąpień w miejscu pracy wszystkich współpracowników, statystyki telefoniczne/faksowe i przemówień komunikacyjnych; - wstęp do wszystkich książek AEESP w niewielkich ilościach; - coroczna konferencja stowarzyszenia i lunch zatrzymany na corocznej sesji Koalicji na rzecz Środowiska Wodnego; - wkład w jedną z ponad 25 grup i działań AEESP. Grupa zachowuje żywą sieć internetową, która obejmuje aktualne informacje o możliwościach uzyskania, miejscach post-doc i postępach w nauce w całej republice; harmonogramy konferencji i sesji; zbiór materiałów edukacyjnych oraz oprogramowanie do pobierania instrukcji; oraz miejsce na stronach internetowych kolekcji naukowej Sceince. Connotation jest zarządzany przez wyznaczony Zarząd, który pomaga bez wynagrodzenia. Panel składa się z dziewięciu członków, z których trzech wyznacza się każdego dnia na okres trzech lat. Panel wybiera swoje własne kierunki studiów: Lider, Lider Immoralności, Typista i Banker. AEESP jest w pewnym sensie jedyna w tym sensie, że korzystanie z Konotacji jest zatwierdzane głównie przez jego członków, którzy pomagają w zarządach, które prowadzą konta bezpośrednio do Panelu. Zasadniczo nie działa żaden ekspert.

Teoretyczne programy środowiskowe Sceince w Ameryce Północnej są dość konsekwentnie organizowane w wyniku procedury autoryzacji ABET. Wiąże się to z odszkodowaniami i trudnościami. Procedura autoryzacji potwierdza doskonałość nauczania przekazywaną naukowcom i pozwala na chłodniejszą imigrację naukowców z jednego programu do drugiego. Zawiera ona również życzenia szefów dla dobrze wyszkolonych inżynierów ochrony środowiska, którzy są dobrze poinformowani o najważniejszych cechach areny. Istnieją różnice w doskonałości i prospekcie informacyjnym, który jest gratyfikowany z jednego programu na dodatkowy, ale szef może sam się ubezpieczyć, jeśli inżynier, którego wynajmuje, postępował z zaliczonego programu. Chociaż, autoryzacja ma cichą teoretyczną nowość w historii, ponieważ warunkiem wstępnym jest posiadanie zwykłej wiedzy teoretycznej, nie ma znaczenia, co uczelnia została dołączona. Jest to jednak dzisiaj w procedurze zmiany, z powodu nowej metody wyceny skutków ABET do autoryzacji. Środowiskowe programy Sceince nie są bardziej hamowane, aby zasugerować zwykły program. Mogą teraz próbować z nowych metod nauczania; jedynym warunkiem jest to, że zdrowe wykwalifikowanych absolwentów środowiskowych Sceince są konsekwencją. Konotacja Environmental Sceince i Lektorów Wiedzy Środowiskowej jest agresywnie skomplikowana w gwarantowaniu, że te nowe plany edukacyjne są pozytywne.

Rozdział 4: Pochodzenie i funkcjonowanie środowiska

Uznając "Próby dodatków na rzecz zrównoważonego rozwoju" za najważniejsze, sesja została zatrzymana 19e20 września 2013 r. w Wiedeńskiej Wyższej Szkole Technicznej w Austrii. Okazja ta została wstępnie zorganizowana przez Gheorghe Asachi Practical College of Ias¸ i, Rumunia (oznaczona jako Ability of Chemical Sceince and Ecological Fortification) we współpracy z Vienna College of Knowledge (oznaczona jako Organization of Chemical Sceince). Dwie uczelnie powołały do życia trzy stowarzyszenia oraz Environmental Biotechnology Piece of the European Alliance of Biotechnology i dwie rumuńskie organizacje InterMEDIU Info & Consultancy Centre, oraz Theoretical Group for Ecological Sceince and Maintainable Growth. Carmen Teodosiu z Ias¸ i i prof. Anton Friedl z Wiednia zostały otoczone przez Globalną Grupę Techniczną, której 32 członków pochodziło z 15 krajów. Han Brezet i prof. Krzysztof Urbaniec (opiekun wydawniczy tematu JCLEPRO) pomagali jako członkowie ISC i uzyskiwali ich dokumenty jako pomoc w programie sesji. Zatrzymana w 2013 roku na siódmy z kolei okres, dyskusja objęła złożonych badaczy, lekarzy i autorytety w licznych arenach ekologicznych, z dużą uwagą na mieszanie najnowocześniejszych umiejętności ekologicznych z dobrze zorganizowaną organizacją, co przyczyniło się do utrzymania się w przyszłości. Program sesji został zorganizowany w postaci dwóch pełnych spotkań, w tym pięciu dokumentów programowych, ilości podobnych spotkań, w których można było uzyskać około 70 orali oraz spotkania obrazkowego z ponad 80 zdjęciami. Podczas pełnego spotkania wstępnego, prof. Adisa Azapagic z College of Manchester, UK, wyjaśniła związek z tą okazją w swoim wystąpieniu programowym na temat "Utrzymywalna produkcja i karmienie: Integracja ekologicznych, finansowych i społecznych aspektów zrównoważonego rozwoju". Programy przemysłowe mają na celu dostarczenie cywilizacji nieruchomości i urządzeń; to odzyskuje doskonałość życia, ale także potrzebuje ekologicznych własności i konsekwencji w uwolnieniach i odpadów, które są zwracane z powrotem do sytuacji. Procesy produkcyjne mogą być podtrzymywane tylko wtedy, gdy zachowana jest ich wykonalność finansowa. Dlatego też testem utrzymania wzrostu jest przetrwanie przygotowania nieruchomości i urządzeń do cywilizacji w starannie praktyczny sposób, przy jednoczesnym minimalizowaniu wpływu na sytuację w podobnym okresie. Nie jest to przy braku dochodów praca nieistotna, ponieważ wymaga działania wszystkich wykonawców komunalnych, a także administracji, produkcji i ludzi. Jednym z testów jest to, że nawet gdyby istniał ogólnoświatowy obowiązek utrzymania wzrostu gospodarczego, większość wykonawców chciałaby odkryć, jakie działania finansowe i produkcyjne można mierzyć jako możliwe do utrzymania i w jaki sposób rozwój w kierunku zrównoważonego rozwoju (Carmen Teodosiu, 2014).

mógłby być ograniczony. W celu dostarczenia precyzyjnych odpowiedzi, niezbędna jest interpretacja pewnej liczby podmiotów środowiskowych, finansowych i wspólnotowych na odpowiednie wskaźniki utrzymania wzrostu, aby wesprzeć w obliczaniu zrównoważonego rozwoju. Nie ulega wątpliwości, że racjonalne serie życiowe są niezbędne do obliczania zrównoważonego rozwoju, ponieważ pozwalają nam uzyskać pełny obraz powiązań między produkcją, działaniami antropologicznymi i sytuacją. Na przykładzie tej metody do dokumentacji i realizacji produkcji i biesiadowania, Prof. Azapagic zaproponował edukację instancyjną i okolicznościową oraz segmenty energii i żywienia. Spiros N. Agathos z Katolickiego College'u w Leuven, Belgia, podarował składającej się na sesję Sceince, mówiąc o "Bioprocesach w Konkursie w sprzeczności z rozwijającymi się zanieczyszczeniami". Istnieje coraz większa obawa o skażenie wód gruntowych i powierzchniowych przez rozwój mikrozanieczyszczeń, które zawierają zabiegi i szczególne środki konserwujące powstające głównie z rzadkich i zachowanych ścieków publicznych. Nawet przy bardzo niewielkim zainteresowaniu, niektóre z rozwijających się mikrozanieczyszczeń mogą działać jako czynniki zakłócające gospodarkę hormonalną, które opóźniają gospodarkę hormonalną (lub schemat hormonalny) u stworzeń. Nieodpowiednio, takie zanieczyszczenia często przesączają konserwatywne przewodzenie ścieków, a także powodują powstawanie błota i ogólnych metod fizykochemicznych, takich jak ozonowanie. Dobrze wyglądającym i "zielonym" substytutem dla eliminacji i odkażania rozwijających się mikrozanieczyszczeń jest zastosowanie biokatalizy. Zmianę i eliminację organicznych składników substancji zaburzających gospodarkę hormonalną można osiągnąć poprzez zastosowanie monooksygenazy amoniakalnej i innych enzymów utleniających, takich jak cytochrom P-450. Rozwijające się mikrozanieczyszczenia mogą być również zhańbione poprzez zastosowanie szerokiej gamy enzymów oksydacyjnych, takich jak mikologiczne lakkazy i peroksydazy. Ponowne użycie takich enzymów i ich oddzielenie od reaktorów i upraw może być zagwarantowane przez kontrolę zależną od nośnika lub przez tworzenie usieciowanych sum enzymów. W nowych wiekach osiągnięto znaczny postęp w zakresie dokumentowania istotnych kwestii związanych z wytwarzaniem usieciowanych sum enzymów samych lakkaz lub wspólnych oksydoreduktaz, a te oryginalne biokatalizatory zostały wzmocnione poprzez zastosowanie nowych zrównoważonych praktyk projektowych i optymalizacyjnych. Na przykład, oryginalne silne biokatalizatory do eliminacji mikrozanieczyszczeń zależnych od lakkazy są gotowe do zastosowania enkapsulacji za pomocą praktyk biometrycznych. Oryginalna synteza biokatalizy, podstaw chemicznych Sceince'a i nanotechnologii wydaje się nie tylko otwierać dobrze wyglądające perspektywy dla podtrzymania działania warunków skażonych EM, ale także zwiększać wybór odpowiednich ekologicznie procedur produkcyjnych. Emmanuela G. Koukiosa z Ogólnokrajowej Wyższej Szkoły Praktycznej w Atenach, Grecja, było związane z elementem organizacyjnym sesji, ponieważ tematem było "Ecological Organization Possible of Emerging Maintainable Bioeconomy Answers". Biogospodarka lub budżet oparty na biologii to okres stosowany ostatnio w celu przyspieszenia wszechstronnego zakresu możliwych żądań dyscyplin ekologicznych i związanych z nimi umiejętności w celu lepszej prezentacji i doskonałości upraw i obiektów w wielu arenach tanich. Szczególną cechą wartościowego i planowanego magnetyzmu biogospodarki, w szczególności jej wspierającej formy, dla strategii i decydentów, jest jej możliwy "ekologiczny" wynik w zakresie procedur, upraw i programów. Taki bio-zielenienie cieniuje dwie ścieżki: (a) ścieżka środowiskowa Sceince, tj. obsługa biobazowych odpowiedzi na dokładne trudności środowiskowe, np. prowadzenie biowastów, rozwój "detergentowych" bioprzemysłów, powtórne przetwarzanie składników odżywczych i kursów bioenergetycznych; oraz (b) ścieżka organizacji ekologicznej, tj. przygotowanie i zastosowanie biobazowych urządzeń i podejść do zrównoważonej organizacji grup, prac bionetowych i innych zwykłych i antropogenicznych biosystemów. Prof. Koukios przedstawił wrażenie ostatniej ścieżki, przedstawiając nowe znaczenie pojęcia biogospodarki w procedurze ośrodka płaskiego łączącego jego mechanizmy "bio" i "niskokosztowe". Powieść ta oznacza odmiany, które mogą "wykreślić" podbiegunowe prądy ośrodka poprzez liczne sytuacje rozwoju bioekonomicznego opętanego przez określone czynniki. Cztery charakterystyczne sytuacje można rozpoznać i nazwać ogonami: (i) produktywne doliny, (ii) przeciwieństwa przejawów, (iii) przyjazne wyżyny, oraz (iv) lądowe masy istnienia. Każda sytuacja ma swoje własne insynuacje dotyczące organizacji ekologicznej, uwarunkowane również rodzajem bio-linków ukształtowanych pomiędzy instrumentem biologicznym a jego strefą zapotrzebowania; cztery odmienne rodzaje takich relacji mogą być obrazowe. Łączna mapa 4 4 ¼ 16 najlepszych mieszanek wyboru organizacji ekologicznych każdego bio-narzędzia jest więc dostępna do zastosowania przez szefów krajowych, lokalnych lub światowych. Okoliczności, o które się pytają, to zmiany w projektach zastosowań naziemnych, wykazywanie fizycznych i ruchliwych prądów w biosystemach, organizacja flory mokradeł, współczujące schematy glebowe oraz wielofunkcyjne działanie bio-źródeł. Jeśli chodzi o inne darowizny oferowane w pełnych lub stałych posiedzeniach, jak również w spotkaniach obrazkowych, różnorodność tematów może być wyalienowana na siedem części: - Ekologiczna kombinacja tematów organizacji i zasad, - Zanieczyszczenia ekologiczne i intensywna terapia, - Działania związane ze źródłami wody i ściekami, - Organizacja odpadów w stolicach i pozyskiwanie energii, - Demonstracja, imitacja i optymalizacja, - Procedury i produkcja, - Biotechnologia ekologiczna (poza spotkaniami sesyjnymi ta aktualna część była omawiana w ramach dwóch obrad pobocznych, a mianowicie Ogólnego Spotkania Wydziału Biotechnologii Ekologicznej EFB oraz Konferencji Zbiórki Specjalistów EFB). Przez cały czas trwania spotkania finałowego menedżerowie i członkowie ICEEM07 odtworzyli w kolejności poprzednie sesje (http:// iceem07.iceem.eu/). Przeszłość sięga roku 2002, kiedy to pierwsza okazja została zatrzymana w Ias¸ i, w Rumunii, gdzie również przygotowano trzy kolejne wersje sesji. W 2009 r. ICEEM05 pozostał w Rumunii, ale został zatrzymany w dobrze wyglądającym miejscu w Tulcei w pobliżu delty Dunaju, a w 2011 r. ICEEM06 został przygotowany w Balatonalmádi w pobliżu jeziora Balaton na Węgrzech. Osiągnięcia ICEEM07 w głównym austriackim mieście Wiednia, do którego dołączyło 170 członków pochodzących z 32 krajów wszystkich kontynentów, można rozumieć jako potwierdzenie technicznej dorosłości i globalnego stanu zaawansowania sesji ICEEM. Każdemu członkowi sesji udało się uzyskać cały zwyczajowy wyciąg z identyfikacji sesji na dysku flash. Jak ogłoszono przed sesją, kierownictwo poprosiło o wyznaczone identyfikatory dla czasopism w poszczególnych tematach hierarchicznych globalnych kwartalników ISI oraz "Ecological Sceince and Organization Periodical", "Novel Biotechnology" i "Global Quarterly of Nonlinear Knowledges and Arithmetical Imitation", lub w opublikowanym przez Springer kwartalniku "Energy, Sustainability and Civilization". Następnie, po zakończeniu sesji, podpisano dodatkowy kontrakt, na mocy którego powieściopisarze o licznych referencjach zostali upełnomocnieni do uzyskania zgody na działalność czasopisma w Czasopiśmie Produkcji Detergentów (Carmen Teodosiu, 2014).

Precyzyjne i wiarygodne prognozy rozwoju drobnoustrojów i rozpadu z bezkształtnych ruchomych replik są niebezpieczne dla dobrego procesu i projektu wywołanych działań organicznych i organizacji remediacyjnych. W związku z tym, zbliżenie limitów stało się monotonnym testem na arenie Ecological Sceince. Wśród głównych tematów uznawanych za przybliżone wartości graniczne, metoda standaryzacji danych modelowych jest bardzo ważna, ale często ignorowana i problematyczna w optymalizacji. Obecnie można uzyskać oryginalną i twardą, ogólnoświatową, wielostronną i całkowicie bayesowską metodę optymalizacji, która przytłacza próby związane z wieloma zmiennymi, cienkimi i czarodziejskimi informacjami, jak również bardzo nieliniowymi, nieskazitelnymi budynkami typowo spotykanymi w powtórkach z Ekologicznej Sceince. Ta metoda optymalizacji pozwala lepiej wyczuć i wskazać przestrzeń reakcji współpracy dla wszystkich wielowymiarowych problemów, pozwalając na dobrze zorganizowane połączenie, a także bayesowskie podstawy do systematycznie przenośnych granic i bezbłędnego przewidywania niezdecydowania. Ta uniwersalna technika optymalizacyjna przewyższa, w relacjach poprawności i dokładności ograniczeń, normalne, rezydujące nieliniowe rutyny rewersyjne i przytłacza tematy związane z wczesnym spotkaniem i przemówieniami przepełnionymi odmiennymi zmiennymi w procedurze normalizacji. Kolejny samotny, wielocelowy i bayesowski optymalizacyjny workflow został uprzemysłowiony do precyzyjnego i niezawodnego przybliżenia bezkształtnych ruchomych limitów idealnych. Światowa, bezstronna metoda opisuje najlepsze na świecie (najdrobniejsze odpowiedzi współpracy) i "niebezpieczne" klucze restrykcyjne dla każdej zmiennej, choć światowa, wielocelowa metoda określa "najdrobniejszą" przestrzeń odpowiedzi współpracy dla bayesowskiej pogoni za radą i spotkanie jest mierzone przy zastosowaniu bezstronnych konsekwencji. Szacunkowa bayesowska metoda obliczeniowa całkowicie przekracza granice i doskonale odgaduje wątpliwości kierując odpowiedź współpracy międzyplanetarnej przed rozpoznaniem (Derek C. Manheim, 2019).

Bezkształtne ruchome repliki, takie jak dobrze znany Monod perfect, stały się rozległe na arenie Ecological Sceince, wahając się od przełącznika zanieczyszczenia powietrza, przewodnictwa wody i ścieków oraz bioremediacji do efektywnego znakowania i parametryzowania rozwoju mikrobiologicznego w wywołanych schematach. Te repliki przygotowują stosunkowo naiwne, stosowane i połączone podstawy do prognozowania rozpadu bakterii lub zmiany składników odzywczych, substancji trujących, lub produkcji i mieszaniny biochemikaliów poprzez różne telewizory docierające z powietrza, gleby i wody. Często, te repliki nie mają bezpiecznego teoretycznego fundamentu (jak większość z nich powstała pierwotnie empirycznie) i holistycznie przedstawiają komórkę, poprzez wiele biokinetycznych składników (tj. dokładny stopień rozwoju, pół pełni ciągły), jako "składnik" enzymu, który służy podobnie jak zachowanie oznaczone przez różne enzymy-repliki klinetyczne, takie jak Michaelis-Menten (Monod) lub Hill (Moser). Niezależnie od tych nadmiernych uproszczeń, bezkształtne repliki kinetyczne niezawodnie i precyzyjnie skopiowały nowe informacje ze wszystkich wyżej wymienionych aren i opracowały podstawy dla projektów i roboczych powtórzeń organicznych działań i schematów remediacji. W celu zwiększenia ogólnej poprawności i prognostycznej przydatności bezkształtnych makiet kinetycznych opowiadających o organicznych zachowaniach w otoczeniu Ekologicznej Sceince, należy przyjąć metodę metodyczną, gdzie doskonały asortyment, przybliżenie elementów (np. dokumentacja prototypowa lub standaryzacja) oraz uwierzytelnienie prototypowe są niebezpiecznymi etapami stanowiącymi podstawę tej metody. Zakłada się, że pewne wczesne informacje badawcze, wykazujące bezstronność i/lub przesłanki dotyczące procedury działania, odmiany asortymentu wzorca są podstawowym kontrastem dokładności i ścisłości wielu konstrukcji prototypowych (różniących się instrumentami definiującymi rozwój drobnoustrojów i redukcję podłoża), które są dostępne w celu określenia procedury zachowania. Konieczne jest przekazanie informacji, że w zależności od wszechstronnego celu lub bezstronności prototypu, etap ten może również obejmować budowę lub adaptację nowego lub aktualnego urządzenia do lub w ramach zarysu aktualnego prototypu w celu wyjaśnienia nowych lub odmiennych cudów. Następnie ten wczesny klasyczny proces sortowania lub zmiany, jest bardzo ważne, aby dokładnie i precyzyjnie sklasyfikować i ujednolicić ograniczenia klasyki. Etap aproksymacji komponentowej polega na licznych, wzajemnie powiązanych mechanizmach: a) składowym badaniu współczucia, aby kontrolować, które komponenty są najpotężniejsze w produkcji klasycznej; b) najlepszym projekcie próby, który może składać się z zastosowanego i fizycznego badania identyfikowalności; c) a także procesie standaryzacji, który w warunkach większości replik spotykanych na arenie Ecological Sceince zależy od światowej, a może rezydentnej, nieliniowej, monotonnej rewersji. Wreszcie, zakładając pewne informacje, które zostały wyznaczone z wysiłku grupy informacyjnej, ostatnim etapem tego przepływu pracy będzie uwierzytelnienie poprawności i dokładności standaryzowanego ideału w sprzeczności z ukrytymi nowymi informacjami (tj. uwierzytelnienie krzyżowe). Spośród etapów nakreślonych w tej metodycznej metodzie odzyskiwania poprawności i wiarygodności bezkształtnych reprezentacji kinetycznych, wątpliwości związane z odgadywaniem składowych i klasycznymi prognozami oraz problemy wynikające z nieliniowego pogorszenia się poprawności wzorca często testują twierdzenia tych makiet kinetycznych w kontekście ekologicznym, co jest akcentem tej uprzemysłowionej techniki. Bayesowskie metody arytmetyczne mogą sugerować wgląd w wątpliwości związane z komponentami wzorca i z samą konstrukcją komponentu (tj. defekty epistemiczne). Z ilości rozpoznanych, wewnętrznych na podeszwie, precyzyjnych i dokładnych przybliżeń składowych jest główną sprawą, która często demoralizuje prognostyczną przydatność bezkształtnych wzorców kinetycznych.

Na przykład, osiągnięcie nieskorelowanych przybliżeń najwyższego, dokładnego stopnia rozwoju i półsycenia ciągłego wielu bezkształtnych wzorców kinetycznych pozostałości znanego testu. Jak przedstawiono powyżej w metodycznej metodzie zastosowania wzorca, sprawy wcześniej spotkały się z aproksymacją powtórzeń bioremediacji w konsekwencji braków w nowym projekcie, doskonałości skomponowanej informacji badawczej oraz procesu standaryzacji wzorca-danych. Proces standaryzacji pattern-info jest niebezpieczny dla uzyskania wiarygodnych przybliżeń ścisłości i często jest ignorowany, stymulując nie wypukłe optymalizacje problematyczne. Zazwyczaj problemy narastają podczas zliczania standaryzacji pattern-info: 1) nowe zestawy danych badające biodegradację zanieczyszczeń są często wielowymiarowe, skąpe i ogłuszające na terenach wiejskich; oraz 2) bezkształtne repliki kinetyczne stosowane do definiowania tych zestawów danych są niezwykle nieliniowe. W tej edukacji podkreślamy, że wielowymiarowe zbiory danych prowadzą jeszcze więcej badań, takich jak overfitting, gdzie jeden zmienny może być uzgodniony bardziej ciężki podczas procedury normalizacji (Derek C. Manheim, 2019).

Mylące jest to, że wiele dotychczasowych edukacji z zakresu biodegradacji zaufało deterministycznym, rezydującym nieliniowym metodom odwracania do aproksymacji składowych, ponieważ metody te zależą od sukcesji nachylenia terenu, co może wynikać z braku rys. 13. Graficzny obraz niebezpiecznych odpowiedzi (A i C) oraz język odpowiedzi kooperacyjnych (B), o których mowa w tej technice badania. Lazurowy znak w prawym symbolu oznacza planetę odpowiedzi kooperacyjnych. 1400 D.C. Manheim, R.L. Detwiler/ Methods 6 (2019) 1398-1414 badanie przestrzeni badawczej i zostają otoczone w odpowiedziach mieszkańców. W celu przewartościowania tych badań i łączenia pytań, stochastyczne, ogólnoświatowe podejścia optymalizacyjne oraz procedury ewolucyjne mogą być użyte jako zdrowe wyjaśnienie tego komponentu problematycznego zblizenia. Procedury ewolucyjne (tj. rozwój różnic), które są skonstruowane na arbitralnym rozwoju populacji osób w zależności od ich przydatności, są dobrze znane w dziedzinie optymalizacji jako rzeczywiste i niezawodne światowe metody optymalizacji. Chociaż zapotrzebowanie na te metody na arenie bioremediacji jest raczej niekompletne, to jednak liczne nowe edukacje mają praktyczne alternatywy dla procedur ewolucyjnych, jak np. grupa podziałów, w celu zbadania dynamicznych składników związanych z biodegradacją kompleksów BTEX. Dodajmy, że wiele zestawów narzędzi zostało uprzemysłowionych w niefunkcjonowaniu dla nieliniowych składowych przybliżenia reprezentacji biologicznych, które obejmują zarówno krajowe jak i światowe kompetencje badawcze, z sekwencją AMIGO. Chociaż te zestawy narzędzi przygotowują niezawodne procedury optymalizacji, nie proponują całkowicie bayesowskiej, pozbawionej prawdopodobieństwa metody oceny składowej i wątpliwości dotyczących prognozowania wzorca. W tej technice badawczej definiujemy oryginalną i surową metodę, aby precyzyjnie i niezawodnie odgadnąć granice w ustrukturyzowanych dynamicznych replikach, zakładając, że wielowariantowe zbiory danych badawczych zależą od kolejnego światowego, samotnego, bezstronnego i całkowicie bayesowskiego procesu optymalizacji. W kolejnej jednostce (A World, multi impartial, i Bayesian optimization method to component approximation) dajemy obraz przebiegu pracy naszej metody, przedstawiamy ważne podstawy bezkształtnych dynamicznych wzorców i zbiorów danych zastosowanych dla odpowiedniego kontrastu modelowo-informacyjnego oraz przedstawiamy szczegółowy opis metod skomplikowanych dla lepszego przybliżenia komponentów. W ostatnim segmencie (The circumstance for international optimization: study technique authentication) udowadniamy wartość tej techniki badawczej poprzez powiązanie prezentacji procedur zastosowanych w tej metodzie optymalizacji z okupantem, nieliniowymi podejściami odwrotnymi (Derek C. Manheim, 2019).

Główny tok pracy dla tej techniki badawczej został szczegółowo przedstawiony na Rys. 14, który przedstawia kolejną metodę w celu lepszego przybliżenia składników, z kolejnymi trzema etapami: Faza 1) pojedyncza bezstronna, stochastyczna procedura optymalizacyjna znajduje optymalną w skali światowej (tj. najdrobniejsze wyjaśnienie współpracy) i "niebezpieczną" odpowiedź; Faza 2) wielocelowa, stochastyczna procedura optymalizacyjna dąży do uzyskania najdrobniejszej odpowiedzi w zakresie współpracy, stosując konsekwencje z poprzedniego, samotnego, bezstronnego etapu w celu potwierdzenia odpowiedniego połączenia metody wielocelowej; Faza 3) Oszacowana bayesowska metoda obliczeniowa rozwija późniejszą dostawę komponentów stosując potwierdzone "najdrobniejsze" wyjaśnienie współpracy w celu uzyskania najdokładniejszego wyjaśnienia współpracy międzygalaktycznej na całym świecie. Etapy te są regulowane w intelekcie, że obecny etap powinien być potwierdzony lub zaufany do danych z poprzedniego etapu przepływu pracy (Rys. 14). Etap 2 tego przepływu pracy przygotowuje dodatkową nieuchronność, że przestrzeń wyjaśniająca kooperację została prawdziwie uchwycona (pod warunkiem, że zasadniczy brak pracy i wyniosłość), jako że dwa odmienne zarysy optymalizacyjne (samotny i wieloosobowy) spotkają się w tej samej strefie badanej planety. Chociaż początkowo trzy procedury SO i MO były praktyczne w tej metodzie, to jednak nie należy zapominać, że tylko najlepsze procedury egzekucyjne zarejestrowane na Rys. 14 są niezbędne do dobrego spotkania i przybliżenia elementów. Najbardziej niebezpieczną zmianą, jaką niesie ze sobą ten przepływ pracy, jest: a) lepsze znaczenie i ukierunkowanie międzyplanetarnego wyjaśnienia negocjacji w celu uniknięcia trudności w standaryzacji wielowariantowej, aby uniknąć nadmiaru różnych zmiennych oraz b) komponent bayesowski w celu odkrycia komponentu i prototypowej prognozy niezdecydowania. W tym czasie, przestrzeń wyjaśnień współpracy jest wybierana jako ustalona przestrzeń wyjaśnień (które są umiejscowione wokół najlepszej na świecie lub najlepszej odpowiedzi na współpracę), które oznaczają zwiększone kompromisy pomiędzy odmiennymi bezstronnymi celami (Rys. 13). Najlepsza na świecie jest równa najdrobniejszej odpowiedzi kooperacyjnej z przestrzeni odpowiedzi kooperacyjnej, znajdującej się w odpowiedzi (w przestrzeni bezstronnego celu) sąsiadującej z nadir lub wierzchołkiem krzywizny ukształtowanej pomiędzy zwyczajowymi odpowiedziami kooperacyjnymi (Rys. 13). Ryzykowne wyjaśnienia powstają natomiast wtedy, gdy jedna regulowana, np. uwaga na komórkę lub podłoże, jest formowana w czasie odwrotnym niż równolegle. Niebezpieczne wyjaśnienia pojawiają się na fundamencie i na końcu krzywizny, która umożliwia zestaw wyjaśnień dotyczących współpracy (rys. 13).

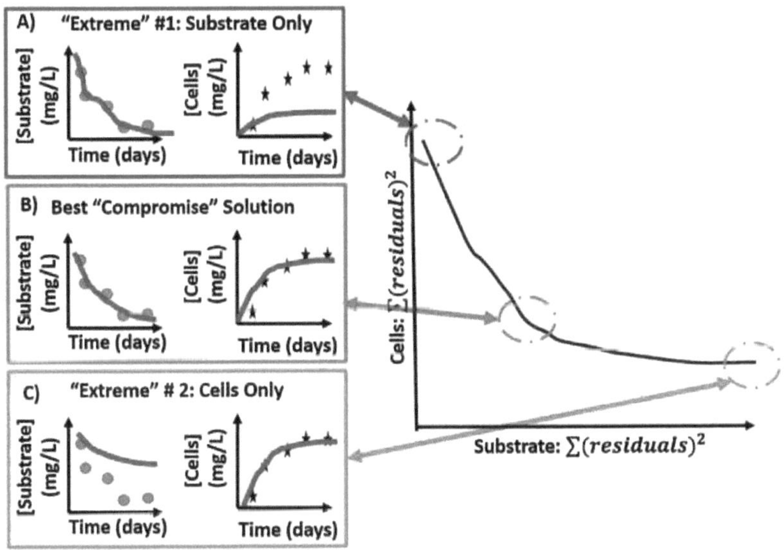

Rys.13. Graficzny obraz odpowiedzi zagrażających życiu (A i C) oraz objaśnienia współpracy (B) języka, który jest używany w tej technice badania. Ciemnoniebieska linia po prawej stronie charakteryzuje przestrzeń wyjaśnień dotyczących współpracy (Derek C. Manheim, 2019).

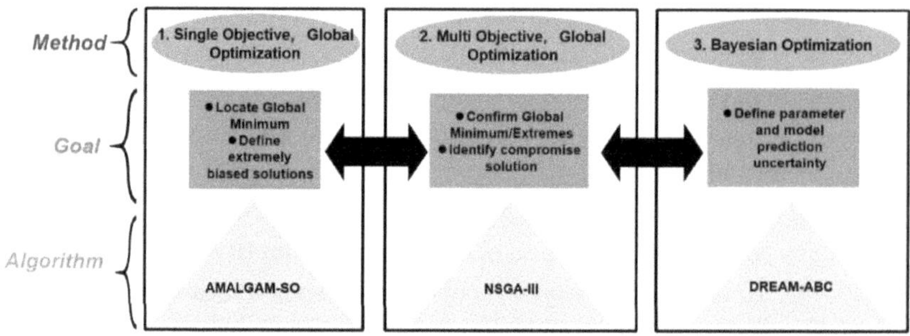

Rys. 14 Główne podejścia optymalizacyjne, cele i procedury stosowane w tej edukacji w celu zbliżenia komponentów (Derek C. Manheim, 2019).

Rozdział 5 : Substancja zanieczyszczająca środowisko

Wyjątkowo trujące zanieczyszczenia, np. ciężkie jony metali, fenole, trucizny i środki owadobójcze, wymodelowały główne presje na bezpieczeństwo ekologiczne i dobrobyt społeczności. Autorytatywne jest uprawianie skromnych, mało kosztownych, subtelnych i niezawodnych metod zauważania tych zanieczyszczeń w tej sytuacji. Związane z przestarzałymi metodami logicznymi, fotoelektrochemiczne wykrywanie jako podejście na nowo powstające utrzymuje trochę poszlakowy dźwięk i wysokie zrozumienie, wprowadzając nowy etap szybkiej i precyzyjnej intensywnej opieki nad zakłóconymi zanieczyszczeniami. Prezentacja progresywnych urządzeń fotoelektrochemicznych jest w zasadzie związana z mikrostrukturą i kształtem półprzewodnikowych nanomateriałów fotoelektrochemicznych. Tak więc ostatnio pojawiła się wielodyscyplinarna praca badawcza koncentrująca się na zrównoważonym projekcie i mieszaninie zaawansowanych nanomateriałów fotoelektrochemicznych. Ta szeroka dziedzina przygotowuje całościową ocenę zaprojektowanych półprzewodników (tj. półprzewodników domieszkowanych) i ich heterojunkcji (np. półprzewodnik, półprzewodnik-węgiel, półprzewodnik-metal i heterojunkcja wieloskładnikowa), a także ich zastosowań w wykrywaniu PEC i intensywnej terapii. Szczególną uwagę zwrócono na liczne morfologie, np. kropki kwantowe 0D (QDs) i nanocząstki (NPs), nanowiry 1D (NWs), nanorurki (NTs) i nanorurki (NRs), nanokartki 2D (NSs) oraz kolekcje pokrewne 3D, a także na ich wyposażenie w wykrywające prezentacje. Ponadto rozważane są urządzenia do odpowiedzi na znak oraz oceny prezentacji (np. współczucie, liniowa różnorodność, granica odkrywania, dyskryminacji i stałości) zbudowanych urządzeń fotoelektrochemicznych. Na tych ostatnich planowane są niebezpieczne testy i najbliższe badania w terenie (Lei Shi, 2019 r.).

Szybki rozwój i rozwój w kilku poprzednich okresach spowodował stopniowe proste zanieczyszczenie środowiska, które wcześniej było tematem uniwersalnym. Zrozumiano wiele różnych mieszanin chemicznych, na przykład znaczne ilości jonów metali, trucizn, fenoli i środków owadobójczych. Te zanieczyszczenia chemiczne stały się niebezpiecznymi zagrożeniami dla bezpieczeństwa ekologii i kondycji społeczności z powodu ich wysokiej trucizny, silnej nędzy głowy i nieformalnego gromadzenia się substancji organicznych przez przewód pokarmowy. Niezwykle ważne jest, aby opracować skromne, niedrogie i niezwykle subtelne podejście do wykrywania i intensywnej opieki nad tymi trującymi zanieczyszczeniami ekologicznymi. Nieaktualna wiedza, na przykład spektrometria plazmowa z połączeniem indukcyjnym, spektrometria nuklearna, mikroskopijna spektroskopia fluorescencyjna, chromatografia cieczowa o wysokiej prezentacji w połączeniu ze spektrometrią form oraz spektrometria gazowa, są dostępne do badania sugestii tych zanieczyszczeń chemicznych. Jednakże, takie podejście wymaga wspaniałych i luksusowych narzędzi, hodowanych procedur procesowych i szczególnie wykwalifikowanych pracowników. Odświeżony rozwój metody fotoelektrochemicznej, poprzez zaawansowane dodanie jasnej odpowiedzi z badaniem elektrochemicznym, cofnął nową ścieżkę do pięknych badań dla biochemicznej i biologicznej intensywnej terapii. Jako jasne i fotoprądu są zatrudnione jako podstawa wzbudzenia i wdzięczności, odpowiednio, urządzenie fotoelektrochemiczne jest w stanie obniżyć dźwięk kontekstualny do realizacji zaawansowanych czułości niż konserwatywne metody. Poza tym, obsługa danych elektrycznych sprawia, że narzędzie fotoelektrochemiczne jest proste, opłacalne i zredukowane. Te zauważalne topografie sprawiają, że urządzenia fotoelektrochemiczne są utalentowanymi kandydatami do szybkiej i precyzyjnej intensywnej terapii wielu zanieczyszczeń. W charakterystycznym fotoelektrochemicznym procesie detekcji blask zajętej elektrody, zaadaptowany przez fotoelektryczny fizyk, przekonuje grupę par elektronowo-otworowych (e-h) (Proces I). Wyszukanie entuzjastycznie nastawionych elektronów w grupie przesyłowej z akceptorami elektronów (A) skutkowałoby katodowym prądem fotoelektrochemicznym (Proces II). W przeciwnym razie, zrzuty w paśmie walencyjnym (VB) przechodzą na powierzchniową powierzchnię fotoelektryczną i są przeciwstawiane przez udziałowców elektronów na granicy, pozwalając elektronom na przekazanie do przewodnika i uruchomienie fotoprądu anodowego (Proces III). W zależności od różnych zdarzeń powstawania fotoprądu na granicy, wiele grup wartości zostało skomplikowanych w detekcji fotoelektrochemicznej. Na przykład, z analitami, które pomagają prosto jako wkładki lub akceptory elektronów, możliwe badania fotoelektrochemiczne zostały zrozumiane poprzez skromny plan redoks. Następnie, stosując prostą reakcję biochemiczną lub organizację pomiędzy celami i zasobami fotoelektrochemicznymi, lub pomocniczy kontakt fizykochemiczny pomiędzy celami i komponentem potwierdzającym (np. aptamer, przeciwciało i enzym) zmienionych zasobów fotoelektrochemicznych, liczbowe zmiany odpowiedzi w fotoprądach są eksperymentalne i stosowane do rzeczywistego sugerowania uwagi na cele.

W poprzednich rzadkich wiekach wykryto szybki rozwój korzyści z badań i działań w zakresie wykrywania fotoelektrochemicznego. Niektóre oceny skupiały się na licznych instrukcjach badań fotoelektrochemicznych (np.

fotoelektrochemiczne biosensory DNA, fotoelektrochemiczne testy immunologiczne i fotoelektrochemiczne biosensory enzymatyczne) i ich nadziei na wymierne odkrycie różnorodnych analitów.

Mimo to, zgodnie z naszą najlepszą wiedzą, nie udało się uzyskać istotnego wrażenia koncentrującego się na fotoelektrochemicznej intensywnej pielęgnacji zanieczyszczeń ekologicznych. Dokładnie, zauważalne jest, że zrównoważony projekt i mieszanka pożądanych zasobów fotoelektrochemicznych jest mierzona jako jeden z najważniejszych etapów w celu zrozumienia owocnych badań fotoelektrochemicznych. Nieadekwatnie, raczej niewiele z poprzednich ocen poświęciło szczególną uwagę składowi i morfologii odmian nanomateriałów fotoelektrochemicznych w kierunku ich fotoelektrochemicznej prezentacji wykrywającej. W ocenie tej wstępnie przedstawiono wiele charakterystycznych sposobów prezentacji półprzewodników Sceince i ich pochodnych heterojunkcji. Następnie przedstawiono kompletny zarys ich nowych osiągnięć w zakresie precyzyjnej, szybkiej i delikatnej fotoelektrochemicznej intensywnej opieki nad zanieczyszczeniami środowiska. Dla lepszego wyjaśnienia, odmienne urządzenia fotoelektrochemiczne zostały objęte poufnością, nadając celom specjalistycznej opieki, a każdy segment jest podzielony na sekcje, zajmujące się rodzajem planu wykrywania. Zasoby fotoelektrochemiczne o różnej morfologii są zestresowane i powiązane, a ich sztuczne drogi są zamknięte, głównie techniką hydrotermiczną (HT), solwotermiczną (ST), elektrodepozycyjną, anodową i solowo-żelową. Na koniec prognozowane są badania i prognozy dotyczące stosowania metody PEC do monitorowania zanieczyszczeń ekologicznych. 2. Projekt i Sceince heterojunkcje półprzewodnikowe. Ze względu na ich zadowalający układ pasmowo-szczelinowy, łatwe do opanowania wymiary i znakomitą kompatybilność organiczną, duża różnorodność półprzewodników, np. tradycyjne tlenki metali TiO2 i ZnO, mają konwencjonalnie dużą uwagę w budowie urządzeń fotoelektrochemicznych. Jednak niewielka kompetencja w produkcji fotoelektronów, wynikająca z krótkiego początku zainteresowania, wysokiego stopnia rekombinacji e-h oraz niedopasowanej konstrukcji grupowej, znacznie opóźniła żywotność samotnego półprzewodnika. Na przykład, TiO2 z rozległym pasmem ~3,2 eV może być wyzwalany przez energię UV lub blisko-UV, który mieszka tylko ~5% energii słonecznej na ziemi. Aby omówić te niedoskonałości, różnorodność planów została wykorzystana w celu odzyskania optoelektronicznych kompetencji adaptacyjnych samotnego półprzewodnika, na przykład, poprzez ubezwłasnowolnienie heteroatomu lub rozpoczęcie heterojunction półprzewodnika. Nobbling z dodatkowym komponentem (np. N, Cl i Sn) jest rzeczywistym planem kontroli grup energetycznych półprzewodników. Poprzez stworzenie Ti-O-N i O-Ti-N, N ubezwłasnowolnienie w krystalicznej ramce TiO2 może wysmuklić energię otwarcia pasma, jak również ograniczyć rekombinację fotoindukowanych par e-h. Tak więc, zmiana przewagi fascynacji na gorszą energię i zaawansowana możliwość zmiany w oczywistym jasnym obszarze jest doświadczalna. Dodatkowym przykładem wyróżniającym szlachetne zasoby fotoaktywne są N szlachetnych plamek kwantowych grafenu (N-GR QDs). Chociaż dziewicza plama GR ma zerową szczelinę przejściową, to dzięki uwięzieniu kwantowemu i posiadaniu przewagi można ją efektywnie przekształcić w QD GR. Ponieważ atom N ma podobny zakres atomowy i pięć elektronów walencyjnych odpowiednich do chemicznego wiązania z atomami węgla, jego domieszka do GR QD może radykalnie zmienić ich optoelektroniczne własności i zasugerować bardziej żywe miejsca, co skutkuje lepszym zbieraniem światła, dłuższą żywotnością transporterów odpowiedzialności i znacznie zaawansowanymi fotoprądami. Tymczasowo ukończono znaczne prace nad stworzeniem wielu heterojunkcji do doskonalenia optoelektronicznych kompetencji adaptacyjnych. Zazwyczaj heterojunkcje mogą być zorganizowane w cztery grupy, (i) heterojunkcja półprzewodnikowo-półprzewodnikowa (S-S). TiO2/CdSe jest przykładem uwagi, na której fotoelektrony ukształtowane na CB CdSe profesjonalnie zaszczepiają się w CB TiO2. Trójwymiarowe rozdzielenie par e-h w granicy TiO2/CdSe opóźnia ich rekombinację. Tymczasowo, połknięcie łopat na VB CdSe przez dawców elektronów upraszcza przeniesienie elektronów z TiO2 na podłoże przewodzące, główne do grupy ulepszonego fotoprądu. Niezależnie od znanych tlenków metali lub chalkogenków, do tworzenia wielozadaniowych heterojunkcji wykorzystano także bezmetalowe zasoby fotoelektryczne GR QD i węgla QD (C-QD), czy też biologiczne cząstki poli(3-heksylotiofenu) (P3HT) i perylenu -3, 4, 9, kwasu 10-tetrakarboksylowego (PTCA). Materiał węglowy zależy QD zostały narażone zdolnych poddanych w elektronicznych i optoelektronicznych arenach, ze względu na ich wyłączne i przestrajalne PEC posiadania, niska trucizna, doskonała biokompatybilność i wysoka fotostabilność. W odniesieniu do cząsteczek biologicznych posiadających imponujące właściwości półprzewodnikowe, np. duże stałe wytępienia i wysoką fotostabilność, mogą one nie tylko pochłaniać wszechstronnie zauważalne światło i sugerować zastosowanie, jak to z sensybilizatorów, ale również zapewniać korzystny proces odrabiania zadań domowych dobrego obrazu heterojunkcji. (ii) Hterojunkcja półprzewodnikowo-węglowa (S-C), w której węglem może być GR, oraz jej wyniki z tlenku grafenu (GO) i skondensowanego tlenku grafenu (rGO), jednościennych lub wielościennych nanorurek węglowych (SWCNT/MWCNT) oraz aerożeli węglowych. Na przykład, dzięki doskonałej przewodności elektrycznej, większej giętkości i niezwykle dokładnej powierzchniowej, spłaszczonej (2D) planarnej części GR, jest ona doskonałym drugorzędnym wsparciem, które może być stosowane do konsekwentnego mocowania użytecznych nanomateriałów, skutecznie rozwiązując problem przypadkowego łączenia. GR w heterojunkcji może zapobiec rozszczepieniu, ograniczyć rekombinację e-h, a także zapewnić doskonałą granicę dla różnych reakcji, a następnie w dużym ruchu PEC. (iii) Hterojunction Semiconductor-metal (S-M). Au nanocząstki (NPs)/TiO2 i Ag NPs/TiO2 są głęboko zakorzenionymi instancjami, na których elektrony mogą odwiedzać dłuższy czas w metalowych NPs po przekazaniu kontroli przez granice połączenia. Tworzenie ogrodzenia Schottky'ego może uczestniczyć jako dobrze zorganizowane oszustwo elektronów zatrzymujące rekombinację e-h. Głównie, metalowe NP z zamkniętym powierzchniowym rezonansem plazmowym lub posiadaczem SPR są znane z poprawy absorpcji światła widzialnego. (iv) Wieloskładnikowa (MC) heterojunkcja. Aby jednocześnie osiągnąć lepszą odpowiedź na światło widzialne i transmisję transporterów kontrolujących, wiele heterojunkcji MC zawierających żywe mechanizmy światła widzialnego i schemat transferu elektronów jest połączonych przestrzennie. Hterojunkcja MC CdS/rGO/ZnO NWAs, dzięki synergicznemu efektowi CdS (wychwytywanie fotonów z zauważalnego światła), rGO (sygnalizacja podziału i transmisji transportera custody) oraz ZnO nanowire arrays (NWAs) ze zwężającym się otworem grupowym (gromadzenie gorących elektronów z CdS i rGO), zaprezentowała znacznie zdrowszą prezentację wykrywania PEC. Wywodzi się ona z tego, że dzięki przełomowemu projektowi i zarządzaniu zasobami fotoaktywnymi, osiągnięto znacząco zwiększone kompetencje w zakresie zmian optoelektronicznych, co przyczyniło się do budowy wysokowydajnych czujników PEC na wiele sposobów. Dokonano przeglądu ilustrujących zasobów fotoaktywnych w ramach monitoringu PEC zanieczyszczeń ekologicznych. Przedstawiono sztuczną technikę, cel badania, asortyment liniowy i granice odkrycia w każdej sytuacji. Specyfika tego konsekwentnego wysiłku może mieć swoje źródło w przytoczonych orientacjach.

Metale ciężkie są w tej sytuacji znaczącymi i trującymi zanieczyszczeniami. Mogą one dotrzeć do żywych stworzeń przez łańcuch pokarmowy i powód rezerwy enzymów, zmniejszenie metabolizmu przeciwutleniaczy, uszkodzenia DNA i zmniejszenie sulfhydrylu białka, co prowadzi do prostych niepożądanych właściwości na kondycję humanoidalną. W związku z tym, Ecosphere Fitness Group ustanowiła surowe normy zalecanych metali ciężkich w wodzie spożywczej, takich jak 6 μg L -1 dla minerału Hg, 10 μg L -1 dla Pb, 3 μg L -1 dla Cd i 50 μg L -1 dla całego Cr. W poprzednich, rzadkich latach, znaczna część energii została poświęcona na budowę delikatnych urządzeń PEC do rozpoznawania ciężkich jonów metali. W tym segmencie oferowany jest metodyczny zarys odkrycia PEC o różnej wadze jonów metalicznych.

Zerowymiarowe punkty ważne (0D QD), uznawane również za koloidalne nanokryształy półprzewodnikowe, zachowują jedyne właściwości fotofizyczne i kontrolowane cechy optoelektroniczne. Właściwości te pozwalają na szerokie zastosowanie QD do budowy wysokowydajnych urządzeń PEC. Na przykład, zatrzymując kwas dimerkaptobursztynowy (DMSA) pokrył CdTe QD wynalezione techniką elektrolizy, Wen i in. uprzemysłowili powierzchniowe urządzenie PEC do odkrycia Hg2+ z LOD 0,3 nM. Klasa CdS+ -Hg+ ukształtowana poprzez przecenę Hg2+ na powierzchniowych QD DMSA-CdTe tłumiła powstawanie pobudzeń, przede wszystkim do wymiernej redukcji prądu fotoelektrycznego. Konfliktowo, na 0D HgS/ZnS QD został zrozumiany sygnał na badaniu PEC dla delikatnego odkrycia Hg2+. W międzyczasie utworzenie heterojunkcji S-S ułatwiło transporter odpowiedzialności i indorsed e-h departure, wykryto liniowo zwiększony prąd fotoprądu dla Hg2+ w zakresie 0,01-10,0 µM, a LOD określono na 4,6 nM. Te edukacje pokazują powierzchowne sposoby PEC na wykrycie Hg2+. Chociaż, w opinii o przewidywalnym zaburzeniu budowy QD, należy uznać, że ewentualny wyładunek jonów (np. Cd2+ i Zn2+) byłby głównie podrzędny w stosunku do zanieczyszczenia. Atrakcyjna kompensacja przestrajalnych właściwości LSPR nanordzeni Au@Ag (NRs) i monodyfuzyjnych nanordzeni TiO2 (NSs) z doświadczeniem w zakresie wysokiej dynamiki powierzchni krystalicznej, Zhang et al. opracowali skromne urządzenie PEC do badania Hg2+. Jak pokazano na rycinie 14, zesyntetyzowane TiO2 NSs o regularnej szerokości ~ 10 nm wykazywały podobną do arkusza nanostrukturę, a na ich górnej i dolnej powierzchni wykryto dużą część niezwykle czułych (001) hydroplanów. Ponieważ siła fotoprądu była istotnie zależna od długości fali radioaktywności, odpowiedź fotoprądu Au@Ag NRs/TiO2 NSs przesuwała się pod długością fali od 405 do 505 nm. Za pomocą pomarańczowego plasterka Au@Ag NRs jako sensybilizatora osiągnięto większy prąd fotoprądowy przy ~ 430 nm dzięki lepiej zorganizowanemu, indukowanemu przez plazmę pozostawieniu odpowiedzialności. Ponieważ frekwencja Hg2+ zarezerwowała transmisję elektronową Au@Ag NRs i ilościowo skondensowała fotoprądy, przyrząd PEC wykazał liniową zmienność od 0,01 do 10 nM (LOD, 14,5 p.m.) dla odkrycia Hg2+. Ze względu na wysoce stabilną budowę heterojunkcji S-M i nie pojawianie się cząstek organicznych, urządzenie to wykazało przyzwoitą odtwarzalność przy porównywalnej typowej niezgodności 1,2% (n=5) i znakomitej stałości magazynowania (98%, 3 tygodnie). Stworzone na prostych i powierzchownych połączeniach fizykochemicznych pomiędzy celami i zasobami fotoaktywnymi, te planowane urządzenia PEC osiągnęły zadowalające wyniki w oznaczaniu Hg2+. Dodając do odmiany liniowej, LOD i stałości, wybredność jest kolejnym istotnym składnikiem precyzji czujników PEC. Chociaż czujniki te wykazały dobrą wybieralność dla Hg2+ w przeciwieństwie do większości jonów publicznych, obecność Ag+ lub Cu2+ dawałaby nieistotne efekty. Aby uzyskać wiarygodne wyniki badań, należy przeprowadzić dodatkowe zabiegi w celu wyeliminowania tych inwazyjnych jonów przed badaniem PEC.

Ostatnio zarys biologicznych cząstek rozpoznawczych, tj. aptamerów, otwiera nowe perspektywy dla schematu urządzeń PEC apt z dużą dyskryminacją i współczuciem. Jako pojedyncza grupa oligonukleotydów, aptamery osiągnęły ogromne korzyści ze względu na ich wysoką specyficzność i empatię w dążeniu do wielu różnych celów, na przykład ważkich jonów metali, małych cząstek biologicznych, organicznych białek i komórek. Za pomocą aptamera Hg2+ oznaczonego tagiem CdS QDs, Ma et al. uprzemysłowili składany aptamer PEC do odkrycia Hg2+. Niezawodne z topografiami absorpcyjnymi CdS QDs, wykryto oczywiste wskazanie fotorecepcyjne przy 410 nm pod długością fali napromieniowania od 400 do 600 nm, osiadające fotoprądy zainicjowane całkowicie od wzbudzenia QDs. Po utworzeniu dupleksów tyminy Hg2+ -tyminy (T-Hg2+ - T), CdS QDs zostały dokładnie naszkicowane na powierzchni elektrody, zastępując na niej odpowiedź fotoprądu. Jak można było przewidzieć, urządzenie wykazywało wysokie współczucie (LOD, 1 pM) i znakomitą dyskryminację do Hg2+ nawet przy 200-krotnym udziale innych jonów metali (np. Zn2+, Pb2+ i Cu2+), głównie przypisywanych niezwykle dokładnej organizacji T-Hg2+ -T. W ramach dodatkowej edukacji na heterojunkcji PTCA/GO podano ultrasensywne urządzenie PEC Hg2+ apt. Przy lepszym rozszczepieniu fotogeneratorów na zauważalnym jasnym wzbudzeniu ($\lambda > 450$ nm), na heterojunkcji doświadczalny był znacznie poprawiony fotoprąd (~3,9 raza więcej niż nieskażony PTCA), ze względu na godne szacunku układy pasmowe PTCA typu n i GO typu p. W międzyczasie dodanie Hg2+ wyburzyło kombinację poli(dT)-poli(dA), część rozwoju kwercetyna-miedź jako zarówno interkalator dupleksowy, jak i dawca elektronów do intensyfikacji znaku były wolne od powierzchniowej heterojunkcji, a następnie w redukcji fotoprądu. Wyposażone urządzenie kontrolowało wyjątkowo ultralekkie LOD o wartości 3,33 fM, przyzwoitą specyficzność i akceptowalne pobory (96,1-107,2%) w wodzie wodociągowej, co potwierdziło jego niezawodność na przykład w rzeczywistym monitoringu. Dodając do wysokiej stałości przechowywania (94,7%, 4 tygodnie), brak wyraźnych pochwy fotoprądu w powtarzających się procedurach fotorezytacyjnych (12 razy) oznacza, że to urządzenie PEC miało nadmierną możliwość w stosowanych żądaniach. Tymczasowo Li i wsp. zbudowali urządzenie PEC apt wzmocnione LSPR dla Hg2+ w zależności od heterojunction PTCA/GR i na miejscu wykonywali Au NPs poprzez dokładną katalizację Hg2+. Ponadto, dzięki nierozwiązanym optoelektronicznym właściwościom, PTCA może być stosowane do skutecznego dyskursu problemu akumulacji GR. Tym samym, regularna granica heterojunkcji uczestniczyła jako satysfakcjonująca stacja imigracyjna dla gorących elektronów wykonanych na Au NPs, w wyniku czego powstał solidny fotoprąd. To trafne urządzenie jest w stanie selektywnie zauważyć Hg2+ w serii 5-500 pM (LOD, 2 pM), i osiąga wysoką stałość zapisu (93,3%, 30 dni). W dodatkowym przypadku autowyczuwania PEC zależnego od SPR Hg2+, Shi i inni stworzyli heterojfunkcję MC CdSe QDs/Au@Ag NPs/MoS2 NSs dla uzyskania lepszej odpowiedzi fotoprądu. W przeciwieństwie do przestarzałych półprzewodników z tlenku metalu, MoS2 NSs posiada zakrytą konstrukcję i cienką szczelinę pasmową (~1.9 eV) w monowarstwowym rządzie i ma niezliczoną ilość możliwych zastosowań w nanoelektronice, optoelektronice i elastycznych planach. Zaliczone do obiecującej absorpcji zbudowanej heterojunkcji na długości fali 430 nm, najsilniejszy i zdrowy fotoprądu odpowiedzi bez oczywistej różnicy w serii on / off radioaktywności (1000 s) został uzyskany na tej długości fali wzbudzenia. Na wyjaśnienie wyniku synergicznego, niskie LOD (5 pM) z wyjątkową dyskryminacją i odtwarzalnością (RSD 1,87%, n = 5) został osiągnięty na gotowym urządzeniu PEC.

Dodając do wyniku SPR, wynik przesyłu energii wzbudzenia (EET) wśród Au NPs oraz liczne zasoby fotoaktywne, takie jak ZnO NPs/CdS NPs/GO, CdS QDs , oraz CdS QDs/TiO2 NPs, zostały szeroko wykryte i wykorzystane do PEC apt wykrywanie Hg2+. Na podstawie synergicznego efektu EET pomiędzy Au NPs i CdS QDs oraz uczulenia rodaminą 123 (Rh 123) do intensyfikacji sygnału, Zhao i wsp. uprzemysłowili niezwykle subtelny czujnik PEC apt dla Hg2+. Wraz z rozwojem Hg2+ zakłócił EET, fotoprądy zostały ulepszone i dodatkowo poprawione dzięki strukturze uczulenia. Urządzenie PEC apt zaprezentowało ultralekką wartość LOD 3,3 fM z dużą różnorodnością liniową (10 fM-200 nM), doskonałą dyskryminacją i wysoką stałością magazynowania bez zrozumiałej modyfikacji fotoprądu w ciągu 2 tygodni. Zastosowanie wyników EET, obiecujące schematy wykrywania PEC zawierające Au NPs i wielozadaniowe heterojunkcje są niezwykle oczekiwane do monitorowania ważnych jonów metali na niskich poziomach.

Spośród licznych nano-architektur, trójwymiarowe (3D) kolekcje pokrewne zawierające jednowymiarowe (1D) nanorurki (NT), nanorurki (NR) lub nanopręty (NW) posiadają szybkie przenoszenie odpowiedzialności na osiową drogę mikroskali, co umożliwia dobrze zorganizowany podział odpowiedzialności na szerokości nanoskali. Bardzo dokładna strefa oferowałaby również odpowiednie żywe miejsca dla reakcji międzyfazowych i potwierdzałaby rzeczywiste osiągnięcie wskazań. Na przykład, kolekcje nanorodów TiO2 (NRA) wyposażone w powierzchniowy sposób HT pracowały dla PEC wykrywając Pb2+. W zależności od procedury korozji prostej (reakcja 1) zachodzącej na powierzchni TiO2, instrument ten został zastosowany do wykrywania Pb2+ na poziomie nanomolarnym (LOD, 2 nM). Ponadto, poprzez in-situ elektrodepozycję PbS NPs na kolekcjach nanorurek TiO2 (NTAs), Luo i wsp. wynaleźli proste urządzenie PEC do badania Pb2+. W przeciwieństwie do nanorodowych konstrukcji, echo nanorurki dostarczyłyby nie tylko zadowalającego mikrośrodowiska, ale również znacznie więcej wielowymiarowych przestrzeni. Tak więc, dzięki stworzeniu heterojunkcji 3D S-S nauczono się zwiększonego prądu fotoelektrycznego i uzyskano LOD 0,39 nM dla rozróżnienia Pb2+. Mając na uwadze przewidywane skromne zasady wykrywania, opracowano zadowalające konsekwencje badań z wykorzystaniem tych urządzeń Pb2+, rozliczając większe zasoby konstrukcji wyświetlaczy 3D w zgłoszeniach PEC.

Referencje

Abdollahi, Y. , Zakaria, A. , Abbasiyannejad, M. , Masoumi, H. R. F. , Moghaddam, M. G. , Matori, K. A. , et al. (2013). Artificial neural network modeling of p-cresol pho- todegradation. Chemistry Central Journal, 7 (1), 96 .

Adamowski, J. , & Chan, H. F. (2011). Faleletowy model połączenia sieci neuronowej do prognozowania poziomu wód podziemnych. Journal of Hydrology, 407 (1-4), 28-40 .

Adams, C. D. , Cozzens, R. A. , & Kim, B. J. (1997). Effects of ozonation on the biodegradability of substituted phenols. Water Research, 31 (10), 2655-2663 .

Agrawal, P. K. , Shrivastava, R. , & Verma, J. (2019). Bioremediacyjne podejście do degradacji i detoksykacji wielopierścieniowych węglowodorów aromatycznych. In Emerging and eco-friendly approaches for waste management (pp. 99-119). Springer .

Aguilar, C. M. , Rodríguez, J. L. , Chairez, I. , Tiznado, H. , & Poznyak, T. (2017). Degradacja naftowo-talenowa poprzez katalityczne ozonowanie na bazie tlenku niklu: Badanie etanolu jako rozpuszczalnika. Environmental Science and Pollution Research, 24 (33), 25550-25560 .

Amani-Ghadim, A. , & Dorraji, M. S. (2015). Modelowanie procesu fotokatalitycznego na syntetyzowanych nanocząstkach ZnO: Opracowanie modelu kinetycznego i sztucznych sieci neuronowych. Zastosowana kataliza B: Środowiskowa, 163 , 539-546 .

Anderson, J. A. (2006). McCulloch-Pitts Neurony . Biblioteka Wiley Online .

Antwi, P. , Li, J. , Meng, J. , Deng, K. , Quashie, F. K. , Li, J. , et al. (2018). Feedforward neural network model estimating pollution removal process within mesophilic upflow anaerobic slad blanket bioreactor treating industrial starch processing wastewater. Technologia bioreaktorów, 257 , 102-112 .

Aoyama, A. , & Venkatasubramanian, V. (1995). Internal model control framework using neural networks for the modeling and control of a bioreactor. Sceince Applications of Artificial Intelligence, 8 (6), 689-701 .

Arabi, E. , Gruenwald, B. C. , Yucelen, T. , & Nguyen, N. T. (2018). Referencyjny model referencyjny adaptacyjnej architektury sterowania dla odrzucenia zaburzeń i tłumienia niepewności ze ścisłymi gwarancjami skuteczności działania. International Journal of Control, 91 (5), 1195-1208 .

Arpornwichanop, A. , & Shomchoam, N. (2009). Control of fed-batch bioreactors by a hybrid on-line optimal control strategy and neural network estimator. Neuro- computing, 72 (10-12), 2297-2302 .

Baker, B., Gupta, O., Naik, N., & Raskar, R. (2016). Projektowanie archi- tektów sieci neuronowej z wykorzystaniem nauki wzmacniania. arXiv preprint arXiv: 1611.02167 .

Bakshi, B. R. , & Stephanopoulos, G. (1993). Wave-net: Hierarchiczna, wielorozdzielcza sieć neuronowa z lokalną edukacją. AIChE Journal, 39 (1), 57-81 .

Basheer, I. A. , & Hajmeer, M. (20 0 0). Sztuczne sieci neuronowe: Podstawy, com- puting, projektowanie, i zastosowanie. Journal of microbiological methods, 43 (1), 3-31 .

Bastin, G. (2013). On-line estimation and adapttive control of bioreactors : 1. Elsevier .

Behler, J. (2015). Konstruowanie wysokowymiarowych potencjałów sieci neuronowych: Rewizja tuto- rialu. International Journal of Quantum Chemistry, 115 (16), 1032-1050 .

Beltrán, F. , García-Araya, J. , Rivas, F. , Alvarez, P. , & Rodríguez, E. (20 0 0). Kinetyka konkurencyjnej ozonacji niektórych związków fenolowych obecnych w ściekach z przemysłu przetwórstwa spożywczego. Ozon, 22 (2), 167-183 .

Beltrán, F. J. , González, M. , Ribas, F. J. , & Alvarez, P. (1998). Odczynnik Fentonowy do zaawansowanego utleniania wielopierścieniowych węglowodorów aromatycznych w wodzie. Water Air Soil Pollu- tion, 105 (3-4), 685-700 .

Bengio, Y. , Goodfellow, I. J. , & Courville, A. (2015). Głębokie uczenie się. Natura, 521 (7553), 436-4 4 .

Environmental Sceince. Strona internetowa: https://en.wikipedia.org/wiki/Environmental_Sceince.

"Kariera w Environmental Sceince i Environmental Science". American Academy of Environmental Engineers & Scientists. Odzyskane w latach 2019-03-23.

Skocz do:a b c "Architektura i zawody Sceince'a". Podręcznik Perspektywy Zawodowej. Bureau of Labor Statistics. 20 lutego 2019. Odzyskane 23 marca 2019 r.

Skocz do:a b c d e f g "10 Postępów w Środowisku Sceince". HowStuffWorks. 2014-05-18. Odzyskane 2019-03-23.

Beychok, Milton R. (1967). Aqueous Wastes from Petroleum and Petrochemical Plants (1st ed.). John Wiley & Sons. LCCN 67019834.

Tchobanoglous, G.; Burton, F.L. & Stensel, H.D. (2003). Wastewater Sceince (Treatment Disposal Reuse) / Metcalf & Eddy, Inc (4th ed.). McGraw-Hill Book Company. ISBN 978-0-07-041878-3.

Turner, D.B. (1994). Workbook of atmospheric dispersion estimates: an introduction to dispersion modeling (2nd ed.). CRC Press. ISBN 978-1-56670-023-8.

Beychok, M.R. (2005). Fundamentals Of Stack Gas Dispersion (4th ed.). autor-published. ISBN 978-0-9644588-0-2.

Centrum Informacji o Karierze. Agrobiznes, środowisko i zasoby naturalne (9. edycja). Macmillan Reference. 2007.

"Zostań zarządem certyfikowanym w Environmental Sceince". American Academy of Environmental Engineers & Scienteists. Odzyskane w latach 2019-03-23.

"NCEES PE Informacje o egzaminie środowiskowym". NCEES. NCEES. Odzyskane w latach 2019-03-23.

"Professional Sceince Institutions". Rada Sceceince. Odzyskane 2019-03-23.

Skocz do Masona, Matthew. "Environmental Sceince: Why It's Vital for Our Future". Środowiskowa nauka. Odzyskane 2019-03-23.

Jansen, M. (październik 1989). "Water Supply and Sewage Disposal at Mohenjo-Daro". Archeologia światowa. 21 (2): 177-192. doi:10.1080/00438243.1989.9980100. JSTOR 124907. PMID 16470995.

Angelakis, Andreas N.; Rose, Joan B. (2014). "Rozdział 2: "Technologie sanitarne i ściekowe w cywilizacji doliny Harappa/Indus (ok. 2600-1900 p.n.e.)". Evolution of Sanitation and Wastewater Technologies through the Centuries. IWA Publishing. s. 25-40. ISBN 9781780404851.

"Finansowanie - Environmental Sceince". US National Science Foundation. Odzyskane w latach 2013-07-01.

"Infekcje wodopochodne". Encyklopedia.com. Odzyskane 2019-03-23.

Radniecki, Tyler. "Co to jest Environmental Sceince?" Kolegium Sceince'a. Uniwersytet Stanowy w Oregonie. Odzyskane 2019-03-23.

Masters, Gilbert (2008). Wprowadzenie do nauki i nauki o środowisku naturalnym Sceince. Upper Saddle River, N.J.: Prentice Hall. ISBN 978-0-13-148193-0.

Sims, J. (2003). Osad czynny, Encyklopedia Środowiska. Detroit.

McGraw-Hill Encyklopedia Environmental Science and Sceince (3rd ed.). McGraw-Hill, Inc. 1993.

Davis, M. L. i D. A. Cornwell, (2006) Introduction to environmental Sceince (4th ed.) McGraw-Hill ISBN 978-0072424119.

Wprowadzenie do środowiska Sceince i nauki. GM Masters, WP Ela - 1991 - people.bu.edu

Wprowadzenie do środowiska Sceince. ML Davis, A David - 2008-entrospace.nilebasin.org. https://hdl.handle.net/20.500.12351/421.

Wprowadzenie do środowiska Sceince. A Salic, B Zelic - Physical Sciences Reviews, 2018 - adsabs.harvard.edu.

Wprowadzenie do środowiska Sceince. A Salic, B Zelic - Physical Sciences Reviews, 2018 - adsabs.harvard.edu.

Environmental Sceince. AA FIELD - Mechanical Engineer's Reference Book, 1973 - Elsevier. https://doi.org/10.1016/B978-0-408-00083-3.50037-0. Książka referencyjna inżyniera mechanika. 1973 r., strony 15-24-15-83.

GIVONI, B., Man Climate & Architecture, Elsevier (1969)

FANGER, P. O., Thermal Comfort, Danish Technical Press (1970)

ASHRAE Handbook of Fundamentals

MISSENARD, F. A., Radiant Heating and Cooling, Eyrolles (1959).

RECKNAGEL-SPENGER, paperback do ogrzewania, wentylacji i klimatyzacji, Oldenbourg (1970)

BASNETT, P., "Ogrzewanie pomieszczeń za pomocą paneli średniotemperaturowych", Jour. IHVE, 36, 120 (1968)

CHRENKO, F. A., "Podgrzewane sufity i komfort", Jour. IHVE. 20, 375 (1953)

RiLEY, J. M., "The development of the cast iron sectional boiler", Jour. IHVE, 38, 160 (1970)

KELL, J. R. i MARTIN, P. L., The Nuffield College Heat pump', Jour. IHVE, 30, 333 (1963)

Brightside Chimney Design Manual, Technitrade Journals Ltd., 2nd ed (1970)

Fotokatalityczne zastosowania Mikro- i Nano-TiO2 w Sceince Środowiskowej. S Kwon, M Fan, AT Cooper, H Yang - Reviews in Environmental , 2008 - Taylor & Francis.

Środowisko naturalne Sceince: Stopniowa piroliza odpadów plastikowych. Autor łączy otwarty panel nakładania H.BockhornJ.HentschelA.HornungU.Hornung. Chemical Sceince Science. Tom 54, numery 15-16, lipiec 1999, str. 3043-3051. https://doi.org/10.1016/S0009-2509(98)00385-6.

Planowanie środowiskowe i podejmowanie decyzji. L Ortolano - 1984 - osti.gov.

Rozwiązywanie problemów w środowiskach Sceince i geonaukach za pomocą sztucznych sieci neuronowych. FU Dowla, FJ Dowla, LL Rogers, LL Rogers - 1995 - books.google.com.

Podręcznik inżynierów ochrony środowiska. DHF Liu, BG Liptak - 1997 - taylorfrancis.com. https://doi.org/10.1201/9780367805333

Metoda podziału na strefy dla środowiska górniczego Sceince z uwzględnieniem stopnia wpływu działalności górniczej na fitosanitarny poziom wodonośny. Journal of Hydrology, Volume 578, November 2019, Article 124020. Shiliang Liu, Wenping Li, Wei Qiao, Xiaoqin Li, Jianghui He.

Artykuł przeglądowy, Badanie zastosowania sztucznych sieci neuronowych do identyfikacji i kontroli w środowisku Sceince: Biologiczne i chemiczne systemy z niepewnymi modelami. Coroczny przegląd w kontroli, w prasie, poprawiony dowód, dostępny online 16 sierpnia 2019. Alexander Poznyak, Isaac Chairez, Tatyana Poznyak. https://doi.org/10.1016/j.arcontrol.2019.07.003.

Benitez, F. J., Real, F. J., Acero, J. L., Garcia, J., & Sanchez, M. (2003). Kinetics of the ozonation and aerobic biodegradation of wine vinasses in discontinuous and continuous processes. Journal of Hazardous Materials, 101(2), 203-218.

Boczkaj, G., Fernandes, A., & Makos, P. (2017). Study of different advanced oxidation processes for wastewater treatment from petroleum bitumen production at basic ph. Industrial & Sceince Chemistry Research, 56(31), 8806-8814.

Boyce, J. M., Havill, N. L., Otter, J. A., McDonald, L. C., Adams, N. M., Cooper, T., et al. (2008). Impact of hydrogen peroxide vapor room decontamination on clostridium difficile environment contamination and transmission in a healthcare setting. Infection Control & Hospital Epidemiology, 29(8), 723-729.

Bradbury, J., Merity, S., Xiong, C., & Socher, R. (2016). Quasi-prądowe sieci neuronowe. arXiv:1611.01576.

Brillas, E., & Martínez-Huitle, C. A. (2015). Decontamination of wastewaters containing synthetic organic dyes by electrochemical methods. Uaktualniony przegląd. Applied Catalysis B, 166, 603-643.

Brindha, R., Muthuselvam, P., Senthilkumar, S., & Rajaguru, P. (2018). Fe0 katalizowany proces fotofentonowy do detoksykacji biodegradowanych produktów zaprawy barwnikowej azowej 10. Chemosfera, 201, 77-95.

Buice, M. A., & Chow, C. C. (2013). Dynamic finite size effects in spiking neural networks. PLoS Computational Biology, 9(1), e1002872.

Burello, E., & Rothenberg, G. (2006). In silico design in homogeneous catalysis using descriptor modeling. International Journal of Molecular Sciences, 7(9), 375-404.

Bystrov, V., Piccirillo, C., Tobaldi, D., Castro, P., Coutinho, J., Kopyl, S., et al. (2016). Oxygen vacancies, the optical band gap (eg) and photocatalysis of hydroxyapatite: comparing modeling with measured data. Applied Catalysis B, 196, 100-107.

Cabrera, A., Poznyak, A., Poznyak, T., & Aranda, J. (2002). Identification of a fed- batch fermentation process: Porównanie eksperymentów obliczeniowych i laboratoryjnych. Bioprocess and Biosystems Sceince, 24(5), 319-327.

Camel, V., & Bermond, A. (1998). Zastosowanie ozonu i związanych z nim procesów utleniania w uzdatnianiu wody pitnej. Water Research, 32(11), 3208-3222.

de Canete, J. F., del Saz-Orozco, P., Baratti, R., Mulas, M., Ruano, A., & Garcia-Cerezo, A. (2016). Soft-sensingowa ocena stężenia ścieków w biologicznej oczyszczalni ścieków przy użyciu optymalnej sieci neuronowej. Expert Systems with Applications, 63, 8-19.

Cao, W., Wang, X., Ming, Z., & Gao, J. (2018). Recenzja o sieciach neuronowych z przypadkowymi wagami. Neurocomputing, 275, 278-287.

Carrillo-Nieves, D., Alanís, M.J.R., de la Cruz Quiroz, R., Ruiz, H.A., Iqbal, H.M., & Parra-Saldívar, R. (2019). Current status and future trends of bioethanol production from agro-industrial wastes in mexico. Renewable and Sustainable Energy Reviews, 102, 63-74.

Cerniglia, C. E. (1993). Biodegradacja wielopierścieniowych węglowodorów aromatycznych. Current Opinion in Biotechnology, 4(3), 331-338.

Chandar, S., Khapra, M. M., Larochelle, H., & Ravindran, B. (2016). Korelacyjne sieci neuronowe. Obliczenia neuronowe, 28(2), 257-285.

Chandrasekaran, M., Muralidhar, M., Krishna, C. M., & Dixit, U. (2010). Application of soft computing techniques in machining performance prediction and optimization: a literature review. The International Journal of Advanced Manufacturing Technology, 46(5-8), 445-464.

Chávez, A., Gimeno, O., Rey, A., Pliego, G., Oropesa, A., & Álvarez, P. (2019). Oczyszczanie silnie zanieczyszczonych ścieków przemysłowych za pomocą sekwencyjnego tlenowego utleniania biologicznego aopsa na bazie ozonu. Chemical Sceince Journal, 361, 89-98.

Chen, F.-C. (1990). Sieci neuronowe z propagacją wsteczną do nieliniowej samostrajającej się kontroli adaptacyjnej. IEEE Control Systems Magazine, 10(3), 44-48.

Cheng, J. (2017). Biomasa do procesów energii odnawialnej. Prasa CRC.

Cheng, L., Liu, W., Hou, Z.-G., Yu, J., & Tan, M. (2015). Neuronosieciowy, nieliniowy model sterowania predykcyjnego siłowników piezoelektrycznych. IEEE Transactions on Industrial Electronics, 62(12), 7717-7727.

Çinar, Ö., Hasar, H., & Kinaci, C. (2006). Modelowanie zanurzonego bioreaktora membranowego oczyszczającego ścieki z serwatki serowej za pomocą sztucznej sieci neuronowej. Journal of Biotechnology, 123(2), 204-209.

Ciresan, D. C., Meier, U., Masci, J., Gambardella, L. M., & Schmidhuber, J. (2011). Elastyczne, wysokowydajne konwulsyjne sieci neuronowe do klasyfikacji obrazów. Dwudziesta druga międzynarodowa wspólna konferencja poświęcona sztucznej inteligencji.

Cong, Q., & Yu, W. (2018). Zintegrowany czujnik miękki z falową siecią neuronową i fuzją adaptacyjną ważoną w celu oszacowania jakości wody w procesie oczyszczania ścieków. Pomiar, 124, 436-446.

Cunha, D. L., de Araujo, F. G., & Marques, M. (2016). Photolysis and heterogeneous photocatalysis for removal of emerging pollutants from water. Linnaeus Eco-Tech. 187–187

Daghrir, R., Drogui, P., & Robert, D. (2013). Modified TiO2 for environmental photocatalytic applications: a review. Industrial & Sceince Chemistry Research, 52(10), 3581-3599.

De Nevers, N. (2010). Kontrola zanieczyszczeń powietrza Sceince. Waveland Press. Deng, L., Yu, D., et al. (2014). De Deep learning: methods and applications. Fundations and Trends® in Signal Processing, 7(3-4), 197-387.

Do Nascimento, C. A., Oliveros, E., & Braun, A. M. (1994). Modelowanie sieci neuronowych dla procesów fotochemicznych. Chemical Sceince and Processing, 33(5), 319-324.

Dochain, D., Babary, J.-P., & Tali-Maamar, N. (1992). Modelowanie i adaptacyjne sterowanie bioreaktorami o nieliniowych parametrach rozproszonych poprzez ortogonalną kolokację. Automatica, 28(5), 873-883.

Dowla, F. U., & Rogers, L. L. (1995). Solving problems in environmental Sceince and geosciences with artificial neural networks. Mit Press

. Droste, R. L., & Gehr, R. L. (2018). Theory and practice of water and wastewater treatment. John Wiley & Sons.

Elman, J. L. (1993). Uczenie się i rozwój w sieciach neuronowych: Znaczenie rozpoczynania małych. Cognition, 48(1), 71-99.

Etacheri, V., Di Valentin, C., Schneider, J., Bahnemann, D., & Pillai, S. C. (2015). Widoczna aktywacja światła fotokatalizatorów TiO2: Postępy w teorii i eksperymentach. Journal of Photochemistry and Photobiology C., 25, 1-29.

Fagan, R., McCormack, D. E., Dionysiou, D. D., & Pillai, S. C. (2016). A review of solar and visible light active TiO2 photocatalysis for treating bacteria, cyanotoxins and contaminants of emerging concern. Materials Science in Semiconductor Processing, 42, 2-14.

Fatta-Kassinos, D., Vasquez, M., & Kümmerer, K. (2011). Transformacja produktów farmaceutycznych w wodach powierzchniowych i ściekach powstających podczas fotolizy i zaawansowanych procesów utleniania - degradacja, wyjaśnianie produktów ubocznych i ocena ich potencji biologicznej. Chemosfera, 85(5), 693- 709.

Fuchs, G., Boll, M., & Heider, J. (2011). Microbial degradation of aromatic compoundsâfrom one strategy to four. Nature Reviews Microbiology, 9(11), 803.

Gadhe, A., Sonawane, S. S., & Varma, M. N. (2015). Enhanced biohydrogen production from dark fermentation of complex dairy wastewater by sonolysis. International Journal of Hydrogen Energy, 40(32), 9942-9951.

Gao, J., & You, F. (2015). Optymalne projektowanie i obsługa sieci łańcucha dostaw w zakresie gospodarki wodnej przy wydobyciu gazu łupkowego: Model Milfp i algorytmy dla nexusa wodno-energetycznego. AIChE Journal, 61(4), 1184-1208.

Garcia-Becerra, F. Y., & Ortiz, I. (2018). Biodegradacja powstających organicznych mikrozanieczyszczeń w niekonwencjonalnym biologicznym oczyszczaniu ścieków: Przegląd krytyczny. Environmental Sceince Science, 35(10), 1012-1036.

Gershenson, C. (2003). Sztuczne sieci neuronowe dla początkujących. arXiv preprint arXiv:cs/0308031.

Ghosh, S., Dairkee, U. K., Chowdhury, R., & Bhattacharya, P. (2017). Wodór z odpadów z przetwórstwa spożywczego poprzez fotofermentację z wykorzystaniem fioletowych bakterii bezsiarkowych (PNSB) - przegląd. Energy Conversion and Management, 141, 299-314.

GilPavas, E., Dobrosz-Gómez, I., & Gómez-García, M. Á. (2018). Optymalizacja sekwencyjnej koagulacji chemicznej - proces elektroutleniania do oczyszczania przemysłowych ścieków tekstylnych. Journal of water process Sceince, 22, 73-79.

Giwa, A., Daer, S., Ahmed, I., Marpu, P., & Hasan, S. (2016). Experimental investigation and artificial neural networks ANNs modeling of electrically-enhanced membrane bioreactor for wastewater treatment. Journal of water process Sceince, 11, 88-97.

Glorot, X., & Bengio, Y. (2010). Understanding the difficulty of training deep feedforward neural networks. In Proceedings of the thirteenth international conference on artificial intelligence and statistics (pp. 249-256).

Goi, A., & Trapido, M. (2004). Degradacja wielopierścieniowych węglowodorów aromatycznych w glebie: Odczynnik Fentona kontra ozonowanie. Environmental Technology, 25(2), 155-164.

Goodwin, G. C., & Mayne, D. Q. (1987). A parameter estimation perspective of continuous time model reference adapttive control. Automatica, 23(1), 57-70.

Govindaraju, R. S., & Rao, A. R. (2013). Sztuczne sieci neuronowe w hydrologii: 36. Springer Science & Business Media.

Grymonpre, D. R., Finney, W. C., & Locke, B. R. (1999). Aqueous-phase pulsed streamer corona reactor using suspended activated carbon particles for phenol oxidation: model-data comparison. Chemical Sceince Science, 54(15), 3095-3105.

Hamed, M. M., Khalafallah, M. G., & Hassanien, E. A. (2004). Prediction of wastewater treatment plant performance using artificial neural networks. Environmental Modelling & Software, 19(10), 919-928.

Han, H.-G., Zhang, L., Liu, H.-X., & Qiao, J.-F. (2018). Wielocelowy projekt sterownika sieci rozmytej sieci neuronowej dla procesu oczyszczania ścieków. Zastosowany Soft Computing, 67, 467-478.

Hang, Y., Qu, M., & Ukkusuri, S. (2011). Optymalizacja projektowania układu chłodzenia słonecznego przy użyciu centralnych technik projektowania kompozytowego. Energy and Buildings, 43(4), 988-994.

Hansch, C., & Fujita, T. (1964). p-σ - π analysis. a method for the correlation of biological activity and chemical structure. Journal of the American Chemical Society, 86(8), 1616-1626.

Hardiman, T., Meinhold, H., Hofmann, J., Ewald, J. C., Siemann-Herzberg, M., & Reuss, M. (2010). Prediction of kinetic parameters from dna-binding site sequences for modeling global transcription dynamics in escherichia coli. Metabolic Sceince, 12(3), 196-211.

Haritash, A., & Kaushik, C. (2009). Biodegradation aspects of polycyclic aromatic hydrocarbons (pahs): A review. Journal of Hazardous Materials, 169(1), 1-15.

Hassani, A., Khataee, A., Fathinia, M., & Karaca, S. (2018). Fotokatalityczne ozonowanie cyprofloksacyny z roztworu wodnego przy użyciu nanokompozytu TiO2/mmt: Nieliniowe modelowanie i optymalizacja procesu poprzez sztuczną sieć neuronową zintegrowany algorytm genetyczny. Bezpieczeństwo procesu i ochrona środowiska, 116, 365-376.

Haykin, S. (1994). Sieci neuronowe. Kompleksowa fundacja. Nowy Jork: IEEE Press. Haykin, S. (2009). Sieci neuronowe i maszyny do nauki.

Prentice Hall. Hernandez-Mejia, G., Alanis, A. Y., & Hernandez-Vargas, E. A. (2018). Neuronowe sterowanie odwrotne optymalne dla układów impulsowych w czasie dyskretnym. Neurocomputing, 314, 101-108.

Hertz, J. A. (2018). Wprowadzenie do teorii obliczeń neuronowych. CRC Press.

Hoffmann, M. R., Martin, S. T., Choi, W., & Bahnemann, D. W. (1995). Environmental applications of semiconductor photocatalysis. Chemical Reviews, 95(1), 69-96.

Hoigne, J., & Bader, H. (1983). Stałe stężenia reakcji ozonu ze związkami organicznymi i nieorganicznymi w wodzie-i. Water Research, 17, 173-183.

Hoigné, J., & Bader, H. (1983). Stałe stężenia reakcji ozonu ze związkami organicznymi i nieorganicznymi w pasztetach wodnych: Nie dysocjujące związki organiczne. Water Research, 17(2), 173-183.

Hopfield, J. J. (1982). Sieci neuronowe i systemy fizyczne z pojawiającymi się zbiorowymi zdolnościami obliczeniowymi. Postępowanie Narodowej Akademii Nauk, 79(8), 2554-2558.

Hsieh, H.-Y., & Tang, K.-T. (2012). Vlsi wdrożenie bio-inspirowanej węchowej sieci neuronów kolczastych. IEEE Transactions on Neural Networks and Learning Systems, 23(7), 1065-1073.

Hunter, D., Yu, H., Pukish III, M. S., Kolbusz, J., & Wilamowski, B. M. (2012). Selection of proper neural network sizes and architecturesâa comparative study. IEEE Transactions on Industrial Informatics, 8(2), 228-240.

Hussain, M., & Kershenbaum, L. (2000). Implementation of an inverse-model-based control strategy using neural networks on a partially simulated exothermic reactor. Chemical Sceince Research and Design, 78(2), 299-311.

Ioannou, P., & Sun, J. (1996). Solidna kontrola adaptacyjna. Prentice Hall. Jans, U., & Hoigné, J. (1998). Węgiel aktywny i czerń węglowa katalizowały przemianę wodnego ozonu w oh-radicals. Nauka o ozonie i Sceince.

Jha, P., Kana, E., & Schmidt, S. (2017). Czy metodologia sztucznych sieci neuronowych i powierzchni reakcji może wiarygodnie przewidzieć produkcję wodoru i usuwanie dorsza w bioreaktorze uasb? International Journal of Hydrogen Energy, 42(30), 18875-18883.

Ji, S., Xu, W., Yang, M., & Yu, K. (2013). Trójwymiarowe konwulsyjne sieci neuronowe do rozpoznawania ludzkich działań. IEEE Transactions on Pattern Analysis and Machine Intelligence, 35(1), 221-231.

Jordan, M. I. (1996). Komputerowe aspekty sterowania ruchem i uczenia się silników. Handbook of Perception and Action, 2, 71-120. Jorjani, E., Chelgani, S. C., & Mesroghli, S. (2008). Application of artificial neural networks to predict chemical desulfurisation of tabas coal. Fuel, 87(12), 2727- 2734.

Kar, A. K. (2016). Bioinspirowane obliczenia - przegląd algorytmów i zakresu zastosowań. Expert Systems with Applications, 59, 20-32.

Karayiannis, N., & Venetsanopoulos, A. N. (2013). Artificial neural networks: learning algorithms, performance evaluation, and applications: 209. Springer Science & Business Media.

Kasabov, N. K. (1996). Podstawy sieci neuronowych, systemów rozmytych i wiedzy Sceince. Marcel Alencar.

Kermani, B. G., Schiffman, S. S., & Nagle, H. T. (2005). Performance of the Levenberg-Marquardt neural network training method in electronic nose applications. Sensors and Actuators B, 110(1), 13-22.

Kessy, H. N., Wang, K., Zhao, L., Zhou, M., & Hu, Z. (2018). Wzbogacanie i biotransformacja związków fenolowych z perykarpu litchi o aktywności inhibicji angiotensyny i konwertowania enzymu (ace). LWT, 87, 301-309.

Khashei, M., & Bijari, M. (2010). An artificial neural network (p, d, q) model for timeseries forecasting. Expert Systems with Applications, 37(1), 479-489.

Khataee, A., Dehghan, G., Zarei, M., Ebadia, E., & M. , P. (2011). Neural network modeling of biotreatment of triphenylmethane dyeye solution by a green macroalgae. Chemical Sceince Research and Design, 89, 172-178.

Khataee, A., Movafeghi, A., Torbati, S., Lisar, S. S., & Zarei, M. (2012). Phytoremediation potential of duckweed (lemna minor l.) in degradation of ci acid blue 92: Modelowanie sztucznej sieci neuronowej. Ecotoxicology and Environmental Safety, 80, 291-298.

Khongkliang, P., Kongjan, P., Utarapichat, B., Reungsang, A., & Sompong, O. (2017). Continuous hydrogen production from cassava starch processing wastewater by two-stage thermophilic dark fermentation and microbial electrolysis. International Journal of Hydrogen Energy, 42(45), 27584-27592.

Koller, M. (2018). A review on established and emerging fermentation schemes for microbial production of polyhydroxyalkanoate (pha) biopolyesters. Fermentacja, 4(2), 30.

Kong, Z., Vanrolleghem, P., Willems, P., & Verstraete, W. (1996). Simultaneous determination of inhibition kinetics of carbon oxidation and nitrification with a respirometer. Water Research, 30(4), 825-836.

Kumar, G., Sivagurunathan, P., Park, J.-H., & Kim, S.-H. (2015). Anaerobic digestion of food waste to methane at various organic loading rates (olrs) and hydraulic retention times (hrts): thermophilic vs. mesophilic regimes. Environmental Sceince Research, 21(1), 69-73.

Kurniawan, T. A., Lo, W.-H., & Chan, G. Y. (2006). Degradation of recalcitrant compounds from stabilized landfill leachate using a combination of ozone-gac adsorption treatment. Journal of hazardous materials, 137(1), 443-455.

Kwon, S., Fan, M., Cooper, A. T., & Yang, H. (2008). Fotokatalityczne zastosowania mikro- i nano-TiO2 w środowisku Sceince. Critical Reviews in Environmental Science and Technology, 38(3), 197-226.

Lambert, R. M., Williams, F., Palermo, A., & Tikhov, M. S. (2000). Modelowanie promocji zasad w niejednorodnej katalityce: kontrola elektrochemiczna in situ reakcji katalitycznych. Tematy w katalizie, 13(1-2), 91-98.

Lan, S., Feng, J., Xiong, Y., Tian, S., Liu, S., & Kong, L. (2017). Działanie i mechanizm piezokatalitycznej degradacji 4-chlorofenolu: Znalezienie skutecznego odchlorowania piezoelektrycznego. Environmental science & technology, 51(11), 6560- 6569.

Landau, I. (1974). A survey of model reference adapttive techniquesâtheory and applications. Automatica, 10(4), 353-379.

Längkvist, M., Karlsson, L., & Loutfi, A. (2014). A review of unsupervised feature learning and deep learning for time-series modeling. Pattern Recognition Letters, 42, 11-24.

Larsson, G., Maire, M., & Shakhnarovich, G. (2016). Fractalnet: Ultra-głębokie sieci neuronowe bez pozostałości. arXiv preprint arXiv:1605.07648.

Laurinavichene, T., Tekucheva, D., Laurinavichius, K., & Tsygankov, A. (2018). Wykorzystanie ścieków z gorzelni do produkcji wodoru w jedno- i dwuetapowych procesach fotofermentacji. Enzyme and Microbial Technology, 110, 1-7.

Le, Q. V., Ngiam, J., Coates, A., Lahiri, A., Prochnow, B., & Ng, A. Y. (2011). O metodach optymalizacyjnych dla głębokiego uczenia się. In Proceedings of the 28th international conference on international conference on machine learning (str. 265-272).

Omnipress. LeCun, Y., Bengio, Y., & Hinton, G. (2015). Głębokie uczenie się. Natura, 521(7553), 436.

Ledakowicz, S., Michniewicz, M., Jagiella, A., Stufka-Olczyk, J., & Martynelis, M. (2006). Eliminacja kwasów żywicznych poprzez zaawansowane procesy utleniania i ich wpływ na późniejszą biodegradację. Water Research, 40(18), 3439-3446.

Levenspiel, O. (1980). Równanie monodalne: rewizja i uogólnienie do sytuacji hamowania produktów. Biotechnology and BioSceince, 22(8), 1671-1687.

Li, Y., Liao, X., Huling, S. G., Xue, T., Liu, Q., Cao, H., et al. (2019). The combined effects of surfactant solubilization and chemical oxidation on the removal of polycyclic aromatic hydrocarbon from soil. Science of the Total Environment, 647, 1106-1112.

Liang, M., & Hu, X. (2015). Konwulsyjna sieć neuronowa do rozpoznawania obiektów. In Proceedings of the ieee conference on computer vision and pattern recognition (pp. 3367-3375).

Liao, S.-H., Chu, P.-H., & Hsiao, P.-Y. (2012). Techniki i zastosowania eksploracji danych - przegląd dekady od 2000 do 2011 roku. Expert Systems with Applications, 39(12), 11303-11311.

Linsebigler, A. L., Lu, G., & Yates Jr, J. T. (1995). Photocatalysis on TiO2 surfaces: principles, mechanisms, and selected results. Chemical Reviews, 95(3), 735-758.

Lipton, Z. C., Berkowitz, J., & Elkan, C. (2015). A critical review of recurrent neural networks for sequence learning. arXiv preprint arXiv:1506.00019.

Liu, B. (2016). Monte-carlo modelowanie fotokatalizy nano-materiałów: pomostowa aktywność fotokatalityczna i mikroskopijna kinetyka ładunku. Physical Chemistry Chemical Physics, 18(16), 11520-11527.

Lobos, J. H., Leib, T., & Su, T.-M. (1992). Biodegradacja bisfenolu a i innych bisfenoli przez bakterię tlenową gram-ujemną... Applied and Environmental Microbiology, 58(6), 1823-1831.

Lopez-Lopez, C., Martín-Pascual, J., Martínez-Toledo, M., Muñío, M., Hontoria, E., & Poyatos, J. (2015). Kinetic modelelling of toc removal by H2O2/uv, photo-fenton and heterogeneous photocatalysis processes to treat dye-containing wastewater. International Journal of Environmental Science and Technology, 12(10), 3255-3262.

Low, J., Cheng, B., & Yu, J. (2017). Modyfikacja powierzchni i zwiększona wydajność fotokatalitycznej redukcji Co2 TiO2: A recenzja. Applied Surface Science, 392, 658-686.

Luong, J. (1987). Generalizacja kinetyki monodowej do analizy danych wzrostu z hamowaniem substratów. Biotechnology and BioSceince, 29(2), 242-248.

Méndez-Arriaga, F., Gimenez, J., & Esplugas, S. (2008). Photolysis and TiO2 photocatalytic treatment of naproxen: Degradacja, mineralizacja, półprodukty i toksyczność. Journal of Advanced Oxidation Technologies, 11(3), 435-444.

Miikkulainen, R., Liang, J., Meyerson, E., Rawal, A., Fink, D., Francon, O., et al. (2019). Ewoluujące głębokie sieci neuronowe. W sztucznej inteligencji w dobie sieci neuronowych i obliczeń mózgowych (str. 293-312). Elsevier.

Miotto, R., Wang, F., Wang, S., Jiang, X., & Dudley, J. T. (2017). Głęboka nauka dla opieki zdrowotnej: Przegląd, możliwości i wyzwania. Briefings in Bioinformatics, 19(6), 1236-1246.

Mirbagheri, S. A., Bagheri, M., Bagheri, Z., & Kamarkhani, A. M. (2015). Evaluation and prediction of membrane fouling in a submerged membrane bioreactor with simultaneous upward and downward aeration using artificial neural network- genetic algorithm. Process Safety and Environmental Protection, 96, 111-124.

Misra, J., & Saha, I. (2010). Sztuczne sieci neuronowe w sprzęcie: Badanie dwóch dekad postępu. Neurocomputing, 74(1-3), 239-255.

Miyamoto, H., Kawato, M., Setoyama, T., & Suzuki, R. (1988). Feedback-error-learningowa sieć neuronowa do kontroli trajektorii manipulatora robota... Sieci neuronowe, 1(3), 251-265.

Monier, E., Paltsev, S., Sokolov, A., Chen, Y.-H. H., Gao, X., Ejaz, Q., et al. (2018). Toward a consistent modeling framework to assess multi-sectoral climate impacts. Nature Communications, 9(1), 660.

Myers, R. H., Montgomery, D. C., & Anderson-Cook, C. M. (2016). Metodologia powierzchni reakcji: optymalizacja procesów i produktów przy użyciu zaprojektowanych eksperymentów.

John Wiley & Sons. Nagy, Z. K. (2007). Model based control of a yeast fermentation bioreactor using optimally designed artificial neural networks. Chemical Sceince Journal, 127(1-3), 95-109.

Nam, K., Rodriguez, W., & Kukor, J. J. (2001). Enhanced degradation of polycyclic aromatic hydrocarbons by biodegradation combined with a modified Fenton reaction. Chemosfera, 45(1), 11-20.

Narendra, K. S., & Mukhopadhyay, S. (1997). Sterowanie adaptacyjne z wykorzystaniem sieci neuronowych i modeli przybliżonych. Transakcje IEEE na sieciach neuronowych, 8(3), 475- 485.

do Nascimento, G. E., Napoleão, D. C., de Aguiar Silva, P. K., da Rocha Santana, R. M., Bastos, A. M. R., Zaidan, L. E. M. C., et al. (2018). Photo-assisted degradation, toxicological assessment, and modeling using artificial neural networks of reactive grey bf-2r dye. Water, Air, & Soil Pollution, 229(12), 379.

Nemerow, N. L., Agardy, F. J., & Salvato, J. A. (2009). Environmental Sceince: prevention and response to water-, food-, soil-, and air-borne disease and disease.

Wiley. Nesbeth, D. N., Zaikin, A., Saka, Y., Romano, M. C., Giuraniuc, C. V., Kanakov, O., et al. (2016). Biologiczne drogi biologii syntetycznej do bio-sztucznej inteligencji. Essays in Biochemistry, 60(4), 381-391.

Noel, M. M., & Pandian, B. J. (2014). Control of a nonlinear liquid level system using a new artificial neural network based reinforcement learning approach. Applied Soft Computing, 23, 444-451.

Oh, W.-D., Dong, Z., & Lim, T.-T. (2016). Generacja siarczanowych rodników poprzez heterogeniczną katalizę do usuwania zanieczyszczeń organicznych: obecny rozwój, wyzwania i perspektywy. Applied Catalysis B, 194, 169-201.

de Oliveira, T. F., Chedeville, O., Fauduet, H., & Cagnon, B. (2011). Zastosowanie sprzężenia ozon/węgiel aktywowany do usuwania ftalanu dietylu z wody: Wpływ właściwości teksturalnych i chemicznych węgla aktywnego. Odsalanie, 276(1-3), 359-365.

Oller, I., Malato, S., & Sánchez-Pérez, J. (2011). Combination of advanced oxidation processes and biological treatments for wastewater decontaminationâa review. Science of the Total Environment, 409(20), 4141-4166.

Ong, C. B., Ng, L. Y., & Mohammad, A. W. (2018). Przegląd nanocząsteczek ZnO jako fotokatalizatorów słonecznych: Synteza, mechanizmy i zastosowania. Renewable and Sustainable Energy Reviews, 81, 536-551.

Ottosen, L. M., Christensen, I. V., Rörig-Dalgaard, I., Jensen, P. E., & Hansen, H. K. (2008). Utilisation of electromigration in civil and environmental Sceinceâprocesses, transport rates and matrix changes. Journal of Environmental Science and Health Part A, 43(8), 795-809.

Oulton, R. L., Kohn, T., & Cwiertny, D. M. (2010). Pharmaceuticals and personal care products in wastewater matrices: a survey of transformation and removal during wastewater treatment and implications for wastewater management. Journal of Environmental Monitoring, 12(11), 1956-1978.

Ovtcharov, K., Ruwase, O., Kim, J.-Y., Fowers, J., Strauss, K., & Chung, E. S. (2015). Akceleracja głębokich konwulsyjnych sieci neuronowych przy użyciu specjalistycznego sprzętu. Microsoft Research Whitepaper, 2(11), 1-4.

Pahigian, J. M., & Zuo, Y. (2018). Occurrence, endocrine-related bioeffects and fate of bisphenol a chemical degradation intermediates and impurities: A review. Chemosphere, 207, 469-480.

Pandian, B. J., & Noel, M. M. (2018). Kontrola bioreaktora przy użyciu nowego, częściowo nadzorowanego algorytmu uczenia się wzmocnienia. Journal of Process Control, 69, 16-29.

Pappu, J. S. M., & Gummadi, S. N. (2016). Modeling and simulation of xylitol production in bioreactor by debaryomyces nepalensis ncyc 3413 using unstructured and artificial neural network models. Bioresource Technology, 220, 490-499.

Parki, P. (1966). Liapunov przeprojektował wzorcowe adaptacyjne układy sterowania. IEEE Transactions on Automatic Control, 11(3), 362-367.

Pastore, C., Barca, E., Del Moro, G., Di Iaconi, C., Loos, M., Singer, H., et al. (2018). Comparison of different types of landfill leachate treatment by employment of nontarget screening to identify residual refractory organics and principal component analysis. Science of the Total Environment, 635, 984-994.

Patino, H. D., & Liu, D. (2000). System adaptacyjnego sterowania adaptacyjnego modelu referencyjnego opartego na sieci neuronowej. IEEE Transactions on Systems, Man, and Cybernetics, Part B (Cybernetics), 30(1), 198-204.

Pavel, L. V., & Gavrilescu, M. (2008). Przegląd technik dekontaminacji gleby exsitu. Environmental Sceince & Management Journal (EEMJ), 7(6).

Pendashteh, A. R., Fakhruâl-Razi, A., Chaibakhsh, N., Abdullah, L. C., Madaeni, S. S., & Abidin, Z. Z. (2011). Modeling of membrane bioreactor treating hypersaline oily wastewater by artificial neural network. Journal of Hazardous Materials, 192(2), 568-575.

Pera-Titus, M., Garcia-Molina, V., Baños, M. A., Giménez, J., & Esplugas, S. (2004). Degradacja chlorofenoli za pomocą zaawansowanych procesów utleniania: przegląd ogólny. Applied Catalysis B, 47(4), 219-256.

Pereira, V. J., Weinberg, H. S., Linden, K. G., & Singer, P. C. (2007). Uv degradation kinetics and modeling of pharmaceutical compounds in laboratory grade and surface water via direct and indirect photolysis at 254 nm. Environmental Science & Technology, 41(5), 1682-1688.

Pérez, A., Rodríguez-Santillan, J. L., Galicia, A., Chairez, I., & Poznyak, T. (2018). Strategia recyklingu wody zanieczyszczonej czernią reaktywną 5 w obecności dodatków poddanych prostej ozonacji. Ozonowanie, (właśnie przyjęte).

Pershin, Y. V., & Di Ventra, M. (2010). Eksperymentalna demonstracja pamięci skojarzonej z pamięcią sieci neuronowych. Sieci neuronowe, 23(7), 881-886.

Polyak, B., & Sherbakov, P. (2002). Solidna stabilność i kontrola. Moskwa, Rosja: Nauka.

Poznyak, A., Polyakov, A., & Azhmyakov, V. (2014). Atrakcyjne elipsoidy w solidnej kontroli. Springer.

Poznyak, A., Sanchez, E., & Yu, W. (2001). Differential neural networks for robust nonlinear control (Identification, state estimation and trajectory tracking). World Scientific.

Poznyak, A., Yu, W., SÃąnchez, E., & PĂl'rez, J. (1998). Analiza stabilności dynamicznych sieci neuronowych. Expert Systems and Applications, 14(1), 227-236.

Poznyak, A. S. (2008). Zaawansowane narzędzia matematyczne dla inżynierów sterowania automatycznego. Vol. 1: Techniki deterministyczne. Elsevier. Poznyak, T., & Araiza G, B. (2005). Ozonowanie niebiodegradowalnych mieszanin fenolu i pochodnych naftalenu w ściekach garbarskich. Ozonowanie mieszanin nieulegających biodegradacji fenolu i pochodnych naftalenu w ściekach garbarskich. 27(5), 351-357.

Poznyak, T., Chairez, I., & Poznyak, A. (2019). Ozonowanie i biodegradacja w środowisku Sceince, podejście dynamicznej sieci neuronowej. Elsevier.

Poznyak, T. I., Manzo, A., & Mayorga, J. L. (2003). Eliminacja chlorowanych nienasyconych węglowodorów z wody poprzez ozonowanie: Symulacja i porównanie danych doświadczalnych. Revista de la Sociedad Química de México, 47(1), 58-65.

Radac, M.-B., & Precup, R.-E. (2018). Bezdotykowa kontrola poślizgu układu przeciwblokującego z wykorzystaniem wzmocnienia q-learningowego. Neurocomputing, 275, 317-329.

Rao, C. (2007). Kontrola zanieczyszczeń środowiska naturalnego Sceince. New Age International. Razumovskii, S. D., & Zaikov, G. E. (1984). Ozon i jego reakcje ze związkami organicznymi. Elsevier.

Reible, D. (2017). Podstawy ochrony środowiska Sceince. CRC Press.

Rivas, F. J. (2006). Policykliczne węglowodory aromatyczne sorbowane na glebach: krótki przegląd obróbki opartej na utlenianiu chemicznym. Journal of Hazardous Materials, 138(2), 234-251.

Rodríguez, J. L., Fuentes, I., Aguilar, C. M., Valenzuela, M. A., Poznyak, T., & Chairez, I. (2018). Ozonowanie katalityczne jako obiecująca technologia do zastosowania w uzdatnianiu wody: Zalety i ograniczenia. Ozonowanie w przyrodzie i praktyce. IntechOpen.

Rojas, R. (2013). Sieci neuronowe: systematyczne wprowadzenie. Springer Science & Business Media.

Roy, P., Periasamy, A. P., Liang, C.-T., & Chang, H.-T. (2013). Synteza nanokompozytów grafenowo-ZnO-au w celu efektywnej fotokatalitycznej redukcji nitrobenzenu. Environmental Science & Technology, 47(12), 6688-6695.

Rueda-Márquez, J., Sillanpää, M., Pocostales, P., Acevedo, A., & Manzano, M. (2015). Oczyszczanie wtórne biologicznie oczyszczonych ścieków zawierających zanieczyszczenia organiczne przy użyciu sekwencji zaawansowanych procesów utleniania na bazie H2O2: fotolizy i katalitycznego utleniania na mokro. Water Research, 71, 85-96.

Samarasinghe, S. (2016a). Sieci neuronowe dla nauk stosowanych i Sceince: od podstaw do kompleksowego rozpoznawania wzorców. Publikacje Auerbacha. Samarasinghe, S. (2016b). Sieci neuronowe dla nauk stosowanych i Sceince: Od fundamentów do kompleksowego rozpoznawania wzorców. Publikacje Auerbacha.

Sanches, S., Leitão, C., Penetra, A., Cardoso, V., Ferreira, E., Benoliel, M., et al. (2011). Direct photolysis of polycyclic aromatic hydrocarbons in drinking water sources. Journal of Hazardous Materials, 192(3), 1458-1465.

Sánchez-Polo, M., Leyva-Ramos, R., & Rivera-Utrilla, J. (2005). Kinetyka ozonowania kwasu 1, 3, 6-naftaleno-etrisulfonowego w obecności węgla aktywnego. Carbon, 43(5), 962-969.

Saravanan, R., Khan, M. M., Gupta, V. K., Mosquera, E., Gracia, F., Narayananan, V., et al. (2015). ZnO/Ag/CdO nanokompozyt do wywołanej światłem widzialnym fotokatalitycznej degradacji ścieków z przemysłowych wyrobów włókienniczych. Journal of Colloid and Interface Science, 452, 126-133.

Sastry, S., & Bodson, M. (1994). Kontrola adaptacyjna: stabilność, konwergencja i solidność. Prentice-Hall, Nowy Jork.

Schmidhuber, J. (2015). Głębokie uczenie się w sieciach neuronowych: Przegląd. Sieci neuronowe, 61, 85-117.

Schmitt, F., Banu, R., Yeom, I.-T., & Do, K.-U. (2018). Development of artificial neural networks to predict membrane fouling in an anoxic-aerobic membrane bioreactor treating domestic wastewater. Biochemiczny Sceince Journal, 133, 47- 58.

Schmitt, F., & Do, K.-U. (2017). Przewidywanie zanieczyszczenia membranowego przy użyciu sztucznych sieci neuronowych dla ścieków oczyszczanych przy użyciu technologii bioreaktorów membranowych: wąskie gardła i możliwości. Environmental Science and Pollution Research, 24(29), 22885-22913.

Serpone, N., Artemev, Y. M., Ryabchuk, V. K., Emeline, A. V., & Horikoshi, S. (2017). Light-driven advanced oxidation processes in the disposal of emerging pharmaceutical contaminants in aqueous media: a brief review. Current Opinion in Green and Sustainable Chemistry, 6, 18-33.

Shanmuganathan, S. (2016). Sztuczne modelowanie sieci neuronowej: Wprowadzenie. W sztucznym modelowaniu sieci neuronowej (s. 1-14). Springer.

Shannon, M. A., Bohn, P. W., Elimelech, M., Georgiadis, J. G., Marinas, B. J., & Mayes, A. M. (2010). Science and technology for water purification in the coming decades. W Nanonauce i technice: Zbiór recenzji z czasopism przyrodniczych (s. 337-346). World Scientific.

Sheela, K. G., & Deepa, S. N. (2013). Przegląd metod ustalania liczby ukrytych neuronów w sieciach neuronowych. Problemy matematyczne w Sceince, 2013.

Shemer, H., & Linden, K. G. (2007). Photolysis, oxidation and subsequent toxicity of a mixture of polycyclic aromatic hydrocarbons in natural waters. Journal of Photochemistry and Photobiology A, 187(2), 186-195.

Shi, S., & Xu, G. (2018). Nowatorski model przewidywania wydajności systemu biofilmu oczyszczającego ścieki domowe oparty na sieci głębokiego uczenia się z wykorzystaniem autokoderów denoisingowych. Chemical Sceince Journal, 347, 280-290.

Silva, A. M., Nouli, E., Xekoukoulotakis, N. P., & Mantzavinos, D. (2007). Effect of key operating parameters on phenols degradation during H2O2-assisted TiO2 photocatalytic treatment of simulated and actual olive mill wastewaters. Applied Catalysis B, 73(1-2), 11-22.

Silva, M., Coelho, M., & Araújo, O. (2018). Minimalizacja zawartości fenolu i azotu amoniakalnego w ściekach rafineryjnych z wykorzystaniem oczyszczania biologicznego. Engenharia Termica, 1(2), 33-37.

Sözen, A., Arcaklioglu, ˇ E., & Özalp, M. (2004). Estimation of solar potential in Turkey by artificial neural networks using meteorological and geographical data. Energy Conversion and Management, 45(18-19), 3033-3052.

Suthersan, S. S., Horst, J., Schnobrich, M., Welty, N., & McDonough, J. (2016). Remediacja Sceince: Koncepcje projektowe. CRC Press.

Suykens, J. A., Vandewalle, J. P., & de Moor, B. L. (2012). Sztuczne sieci neuronowe do modelowania i sterowania systemami nieliniowymi. Springer Science & Business Media.

Suzuki, K. (2011). Artificial neural networks: methodological advances and biomedical applications. BoD-Books on Demand.

Swanson, N. R., & White, H. (1995). Modelowe podejście do oceny informacji w pojęciowej strukturze przy użyciu modeli liniowych i sztucznych sieci neuronowych. Journal of Business & Economic Statistics, 13(3), 265-275.

Tian, Y., Zhang, J., & Morris, J. (2002). Optimal control of a fed-batch bioreactor based on an augmented recurrent neural network model. Neurocomputing, 48(1-4), 919-936.

Turolla, A., Piazzoli, A., Budarz, J. F., Wiesner, M. R., & Antonelli, M. (2015). Experimental measurement and modeling of reactive species generation in Tio2 nanoparticle photocatalysis. Chemical Sceince Journal, 271, 260- 268.

Ungar, L. H. (1995). 16 a bioreaktor benchmarking for adapttive net work-based process control. In Neural networks for control (pp. 387-402).

Valdramidis, V., Bclaubre, N., Zuniga, R., Foster, A., Havet, M., Geeraerd, A., et al. (2005). Development of predictive modelelling approaches for surface temperature and associated microbiological inactivation during hot dry air decontamination. International Journal of Food Microbiology, 100(1-3), 261-274.

Valentinotti, S., Srinivasan, B., Holmberg, U., Bonvin, D., Cannizzaro, C., Rhiel, M., et al. (2003). Optimal operation of fed-batch fermentations via adaptive control of overflow metabolit. Control Sceince Practice, 11(6), 665-674.

Vazquez-Rodriguez, G., Youssef, C. B., & Waissman-Vilanova, J. (2006). Dwuetapowe modelowanie biodegradacji fenolu przez aklimatyzowany osad czynny. Chemical Sceince Journal, 117(3), 245-252.

Vinod, A. V., Kumar, K. A., & Reddy, G. V. (2009). Symulacja procesu biodegradacji w bioreaktorze ze złożem fluidalnym z wykorzystaniem algorytmu genetycznego przeszkolonej sieci neuronowej typu feedforward. Biochemiczny Sceince Journal, 46(1), 12-20.

Walczak, S. (2019). Sztuczne sieci neuronowe. In Advanced methodologies and technologies in artificial intelligence, computer simulation, and human-computer interaction (pp. 40-53).

IGI Global. Wang, T., Gao, H., & Qiu, J. (2015). Połączona adaptacyjna sieć neuronowa i nieliniowy model sterowania predykcyjnego dla wieloprzepływowej kontroli procesów przemysłowych połączonych w sieć. IEEE Transactions on Neural Networks and Learning Systems, 27(2), 416-425.

Wen, J., Li, X., Liu, W., Fang, Y., Xie, J., & Xu, Y. (2015). Podstawy fotokatalizy i modyfikacja powierzchni nanomateriałów TiO2. Chinese Journal of Catalysis, 36(12), 2049-2070.

Wert, E. C., Rosario-Ortiz, F. L., Drury, D. D., & Snyder, S. A. (2007). Formation of oxidation byproducts from ozonation of wastewater. Water Research, 41(7), 1481-1490.

Xu, L., Ren, J. S., Liu, C., & Jia, J. (2014). Deep convolutional neural network for image deconvolution. In Advances in neural information processing systems (pp. 1790-1798).

Yamanè, T., & Shimizu, S. (1984). Techniki paszowe w procesach mikrobiologicznych. W kontroli parametrów bioprocesowych (str. 147-194). Springer.

Yang, H., & Liu, J. (2018). Metoda adaptacyjnej kontroli sieci neuronowej rbf dla klasy systemów nieliniowych. IEEE/CAA Journal of Automatica Sinica, 5(2), 457-462.

Yang, L., Si, B., Martins, M. A., Watson, J., Chu, H., Zhang, Y., et al. (2018). Improve the biodegradability of post-hydrothermal liquefaction wastewater with ozon: conversion of phenols and n-heterocyclic compounds. Water Science and Technology, 2017(1), 248-255.

Yang, S. X., Zhu, A., Yuan, G., & Meng, M. Q.-H. (2011). Bioinspirowane neurodynamiczne podejście do kontroli śledzenia robotów mobilnych. IEEE Transactions on Industrial Electronics, 59(8), 3211-3220.

Yordanov, R., Melvin, M., Law, S., Littlejohn, J., & Lamb, A. (1999). Effect of ozone pre-treatment of coloured upland water on some biological parameters of sand filters. Ozon, 21(6), 615-628.

Yoshida, H., Miyashita, Y., & Sasaki, S.-i. (1996). Modelowanie halometanów przy użyciu sieci neuronowych. Chemometrics and Intelligent Laboratory Systems, 32(2), 193-199.

Młody, P. (1998). Modelowanie mechanistyczne oparte na danych systemów środowiskowych, ekologicznych, ekonomicznych i Sceince. Modelowanie środowiskowe i oprogramowanie, 13(2), 105-122.

Zainab, R., Vijayaraghavalu, S., Prasad, H. K., & Kumar, M. (2019). Oczyszczanie i recykling ścieków z przemysłu mleczarskiego. In R. Singh, & R. Singh (Eds.), Advances in Biological Treatment of Industrial Wasteewater and their Recycling for a Sustainable Future. Applied Environmental Science and Sceince for a Sustainable Future. Singapur: Springer.

Zhao, Z., Lou, Y., Chen, Y., Lin, H., Li, R. i Yu, G. (2019). Prediction of interfacial interactions related with membrane fouling in a membrane bioreactor based on radial basis function artificial neural network (ANN). Technologia zasobów biologicznych.

Zheng, S., Jayasumana, S., Romera-Paredes, B., Vineet, V., Su, Z., Du, D., et al. (2015). Warunkowe pola losowe jako rekurencyjne sieci neuronowe. In Proceedings of the ieee international conference on computer vision (pp. 1529-1537).

Zhou, Y., Li, G., Dong, J., Xing, X.-h., Dai, J., & Zhang, C. (2018). Miya, an efficient machinee-learning workflow in conjunction with the yeastfab assembly strategy for combinatorial optimization of heterologous metabolic pathways in saccharomyces cerevisiae. Metabolic Sceince, 47, 294-302.

Zielinska, ´ B., Grzechulska, J., Kalenczuk, ´ R. J., & Morawski, A. W. (2003). The pH influence on photocatalytic decomposition of organic colours over a11 and p25 titanium dioxide. Applied Catalysis B, 45(4), 293-300.

Zou, J., Han, Y., & So, S.-S. (2008). Przegląd sztucznych sieci neuronowych. W Sztucznych Sieciach Neuronowych (s. 14-22). Springer.

Shiliang Liu, Wenping Li . 2019. Analiza wrażliwości wskaźników dla środowiskowych wzorców geologicznych Sceince spowodowanych przez podziemne wydobycie węgla z integrującą teorią zmiennej masy i ulepszonym modelem wydłużenia materia-element. Science of the Total Environment, Tom 686, 10 października 2019, str. 606-618.

Xiaodan Chen, Hao Wang, Husam Najm, Giri Venkiteela, John Hencken. 2019. Ocena właściwości Sceince i wpływu na środowisko przepuszczalnego betonu z popiołem lotnym i żużlem. Journal of Cleaner Production, Volume 237, 10 November 2019, Article 117714.

Bestami Özkaya, Anna H. Kaksonen, Erkan Sahinkaya, Jaakko A. Puhakka. 2019.bioreaktor fluidalny dla wielu rozwiązań środowiskowych Sceince. Water Research, Volume 150, 1 March 2019, Pages 452-465.

Anna H.Kaksonen, Erkan Sahinkaya, Jaakko A.Puhakka,. 2018.bioreaktor fluidalny dla wielu rozwiązań środowiskowych Sceince. Bestami Özkaya, https://doi.org/10.1016/j.watres.2018.11.061. Badania nad wodą. Tom 150, 1 marca 2019, strony 452-465.

Baotong Zhu, Yingying Chen, Na Wei.2019.Sceince Materiały biokatalityczne i biosorpcyjne do zastosowań środowiskowych. Trendy w biotechnologii, tom 37, wydanie 6, czerwiec 2019, strony 661-676.

Meng Zhang, Jun Gu, Yu Liu.2019. Sceince feasibility, economic viability and environmental sustainability of energy recovery from nitrous oxide in biological wastewater treatment plant. Bioresource Technology, Tom 282, czerwiec 2019, str. 514-519.

E. M. A. Strain, R. L. Morris, M. J. Bishop, E. Tanner. 2019.Budowa niebieskiej infrastruktury: Assessing the key environmental issues and priority areas for ecological Sceince initiatives in Australia's metropolitan embayments. Journal of Environmental Management, Volume 230, 15 January 2019, Pages 488-496.

Podręcznik środowiskowy EPA Sceince'a. JR Boulding - 2019 - content.taylorfrancis.com. Cecil Cross, Science Applications International Corporation (SAIC), Cincinnati, OH.

Środowisko Sceince jako narzędzie zmniejszania ryzyka produkcji przemysłowej w regionie. E Afanasieva, O Koreva, V Tikhii - Science and Sceince, 2019 - iopscience.iop.org.

Saeed Ghaffari, Nasser Talebbeydokhti.2013.Status Environmental Sceince Education in Various Countries in Comparison with the Situation in Iran. Procedury - Nauki społeczne i behawioralne, tom 102, 22 listopada 2013 r., s. 591-600.

Nguyen, D. Q., & Pudlowski, Z. J. Przegląd edukacji ekologicznej Sceince'a w ostatniej dekadzie: perspektywa globalna. 2nd WIETE Annual Conference on Sceince and Technology Education, Pattaya, Thailand. 2011.

Poszukiwanie globalnego modelu edukacji ekologicznej Sceince Duyen Q. Nguyen Monash University Melbourne, Australia. Światowe Transakcje na temat edukacji w zakresie Sceince i technologii. 2002 UICEE Vol.1, No.1, 2002.

ŚRODOWISKOWE SCEINCE EDUKACJA W IRAN: POTRZEBY, PROBLEMY I ROZWIĄZANIA Mohammad Reza Alavi Moghaddam* , Reza Maknoun, Ahmad Tahershamsi. Environmental Sceince and Management Journal November/December 2008, Vol.7, No.6, 775-779 http://omicron.ch.tuiasi.ro/EEMJ/. "Gheorghe Asachi" Technical University of Iasi, Rumunia.

Environmental Sceince education in North America P.L. Bishop Department of Civil and Environmental Sceince, University of Cincinnati, P.O. Box 210071, Cincinnati, OH 45221-0071, USA. Water Science and Technology Vol 41 No 2 pp 9-16 © IWA Publishing 2000.

Amjad Kallel, Zeynal Abiddin Erguler, et al. 2018. Recent advances in Geo-Environmental Sceince, Geomechanics and Geotechnics, and Geohazards. Proceedings of the 1st Springer conference of the Arabian Journal of Geosciences (CAJG-1) , Tunisia 2018.

Carmen Teodosiu a , Anton Friedl b , Krzysztof Urbaniec c,*.2014. Raport z konferencji Raport z konferencji 7. Międzynarodowa konferencja poświęcona środowisku naturalnemu i zarządzaniu ICEEM07 . Spisy treści dostępne w ScienceDirect Journal of Cleaner Production. Journal of Cleaner Production 67 (2014) 291e292.

Rozdział 5: An Environmental Sceince Case Study Sceince Standards for Forensic Application, 2019, s. 69-75. Richard W. McLay, Joel A. Miele.

Projektowanie i heterojunkcje Sceince do fotoelektrochemicznego monitoringu zanieczyszczeń środowiska: Przegląd. Zastosowana kataliza B: Środowiskowa, Tom 248, 5 lipca 2019, strony 405-422. Lei Shi, Yu Yin, Lai-Chang Zhang, Shaobin Wang, Hongqi Sun.

Noor Ezlin Ahmad Basri, Shahrom Md. Zain, Othman Jaafar, Hassan Basri, Fatihah Suja.2012. Introduction to Environmental Sceince: A Problem-based Learning Approach to Enhance Environmental Awareness among Civil Sceince Students. Procedury - Nauki społeczne i behawioralne, tom 60, 17 października 2012 r., s. 36-41.

Odpady z recyklingu piasku odlewniczego jako trwałego materiału budowlanego do wypełniania i układania rur: Sceince i ocena środowiskowa. Zrównoważone miasta i społeczeństwo, tom 28, styczeń 2017, str. 343-349.

Carmen Teodosiu, Francesc Castells. 2017. Environmental Sceince and Management, Progresses and Challenges for Sustainability: Wprowadzenie do ICEEM08. Bezpieczeństwo procesów i ochrona środowiska, tom 108, maj 2017, str. 1-6.

Asher Brenner, Mordechaj Shacham, Michael B. Cutlip. 2005. Zastosowania matematycznych pakietów oprogramowania do modelowania i symulacji w edukacji ekologicznej Sceince. Modelowanie i oprogramowanie środowiskowe, tom 20, wydanie 10, październik 2005, str. 1307-1313.

F. GutiéRrez-MartíN, M. F. Dahab. .1998. Zagadnienia zrównoważonego rozwoju i zapobiegania zanieczyszczeniom w edukacji ekologicznej Sceince. Water Science and Technology, Volume 38, Issue 11, 1998, Pages 271-278.

Jozefina Drotarova, Monika Blistanova, 2015. Znaczenie i optymalizacja procesu edukacyjnego w zakresie zarządzania środowiskiem i nauki o środowisku dla menedżerów bezpieczeństwa. Procedury - Nauki społeczne i behawioralne, tom 186, 13 maja 2015, s. 1050-1054.

Rao Bhamidimarri, Ken Butler. 1998. Edukacja środowiskowa Sceince'a w tysiącleciu: Zintegrowane podejście. Water Science and Technology, Volume 38, Issue 11, 1998, Pages 311-314.

Theo G. Schmitt, Peter A. Wilderer. 1996. Edukacja ekologiczna Sceince w Niemczech. Water Science and Technology, Volume 34, Issue 12, 1996, Pages 183-190.

Tsair-Fuh Lin, Veeriah Jegatheesan, Li Shu, Eldon Raj Rene. 2020. Challenges in Environmental Science/Sceince and Emerging Sustainable Practices for Future Water Conservation. Chemosfera, tom 238, styczeń 2020 r., artykuł 124591.

R. Van Der Vorst. 1994. Edukacja ekologiczna Sceince jako zagadnienie edukacji w zakresie kontroli. IFAC Proceedings Volumes, Volume 27, Issue 9, August 1994, Pages 65-68.

S. E. Mbuligwe . 2011. Diverse Options for Diverse Environmental Health Sceince Needs: Uzasadnienie, technologie i praktyki. Encyklopedia Zdrowia Środowiskowego, 2011, s. 147-157.

R. Liang, G. Hota. 2013. 16: Kompozyty polimerowe wzmocnione włóknem (FRP) w zastosowaniach środowiskowych Sceince. Developments in Fiber-Reinforced Polymer (FRP) Composites for Civil Sceince, 2013, Pages 410-468.

T. F. H Allen, M. Giampietro, A. M Little. 2003.Odróżnienie Sceince ekologicznej od Sceince ekologicznej. Ecological Sceince, Volume 20, Issue 5, October 2003, Pages 389-407

VU'gants E, Blumberga A, Ţjabs I, Timma L. Dynamika zastępowania technologii: przypadek dyfuzji ekoinnowacji. J Cleaner Production 2014; w ramach peer-review: 24 p.

Alan Manning.1992.Pragmatyczne możliwości oprzyrządowania i automatyzacji w systemach środowiskowych Sceince. ISA Transactions, Tom 31, wydanie 1, 1992, str. 9-15.

Rakesh Agrawal, Subhas K Sikdar. 2013. Energia i środowisko Sceince. Current Opinion in Chemical Sceince, Volume 2, Issue 3, August 2013, Pages 271-272.

Marinus Otte. 2013. Wprowadzenie do Environmental Sceince. Wskaźniki ekologiczne, Tom 24, styczeń 2013, Strona 82.

Vilas G Pol.2016. Przegląd redakcyjny: Energy and Environmental Sceince: Emergent electrical energy efficiency (E4). Current Opinion in Chemical Sceince, Volume 13, August 2016, Pages vii-viii.

Eugene P. Odum. 1994. Redakcja. Ecological and environmental Sceince: Potential for progress. Książka ekologiczna, Tom 3, wydanie 2, czerwiec 1994, str. 107-119.

B. J. Williams. 1995. Powiązane ze sobą modele środowiskowe Sceince'a wykorzystujące techniki obiektowe. Environment International, Volume 21, Issue 5, 1995, Pages 753-756.

Wenqiang Sun, Xiandong Xu, Ziqiang Lv, Hujun Mao, Jianzhong Wu. 2019. Ocena oddziaływania na środowisko odprowadzania ścieków z wielozanieczyszczającymi substancjami z hutnictwa żelaza i stali. Journal of Environmental Management, Volume 245, 1 September 2019, Pages 210-215.

Lewis Clark. 1996. Rekultywacja wód gruntowych i podpowierzchniowych: Strategie badawcze dla technologii In-situ: Redakcja: Helmut Kobus, Baldur Barczewski i Hans-Peter Koschitsky. Environmental Sceince Series, Springer-Verlag, 1996, ISBN 3-540-60916-4, 337 stron. Cena 148,00 DM. Zanieczyszczenie środowiska, Tom 94, wydanie 1, 1996, str. 101-102.

Printed by Books on Demand GmbH, Norderstedt / Germany